ゆかいなイラストで
すっきりわかる

月のきほん

ウサギの模様はなぜ見える？ 満ち欠けの仕組みは？
素朴な疑問からわかる月の話

白尾元理

はじめに

　月は私たちにもっとも身近な天体です。古代人は月の動きを観察して、暦を発明しました。ニュートンはリンゴは木から落ちるのに、月が落ちてこないことを不思議に思って万有引力の法則を発見しました。輝く目をしたフォン・ブラウン少年は、月を眺めていつかは行きたいものだと願って、やがて巨大なサターン5号ロケットを作り、宇宙飛行士を月に送り込んだのです。

　赤ちゃんの目が開き、夜空に見る最初の天体はお月さまです。以来、お月さまとは長く付き合っているはずですが、私たちは月についてどのくらい知っているでしょうか。夜道を歩いていると月がついてくるのはなぜ？　月の満ち欠けはなぜ起こるの？　冬の満月は夏にくらべてなぜ高いの？　日食はなぜ毎月起こらないの？　旧暦の1月はどうやって決めるの？　潮干狩りはなぜ5月ごろにするの？

　あなたはいくつ答えられましたか。月の満ち欠けまでは小学校で習いますが、それ以外は中学校、高校でも習わないのです。私たちの身近にあって、いつも眺めている月なのにどのように巡っているかわからない

のは残念なことです。そこで本書では2ページの見開きで1つずつ、図や写真を使ってわかりやすく説明しました。

　太陽の周りを地球が回り、地球の周りを月が回っています。さらに地球も月もそれぞれ自転しているので、月の動きを理解するのは簡単ではありません。そこで本書では多くの項目を割いて月の動きをていねいに説明しました。これさえわかれば、月食や日食のことも、旧暦のことも、潮干狩りのことも、さらにもっと多くのことを理解できます。

　お母さんと手をつないで眺めた月。家族みんなで見た海の向こうからの月の出。異国の地で、月の満ち欠けから過ぎ去った時の長さを感じた日々…。それぞれに月があったあのときの思い出があるはずです。この本によって、さらに月が好きになり、心豊かな人生を送るきっかけになればと願っています。

2017年9月　　白尾元理

もくじ

はじめに ……002

Chapter 1
月の満ち欠け

01 月はなぜ追いかけてくるの？……008
02 月はなぜ満ち欠けをするの？……010
03 新月〜上弦の月の位置 ……012
04 満月〜下弦の月の位置 ……014
05 上弦と下弦の名前の由来 ……016
06 三日月はどのくらい細い？ ……018
07 月の形はどちらが本物？ ……020
08 月の形からわかる太陽の位置 ……022
09 月の名前 ……024
10 月の見かけの明るさと大きさ ……026
11 地平線の月は大きい？ ……028
12 お盆のようにまるい月 ……030
13 日の出と日の入り・月の出と月の入り ……032

【きほんミニコラム】
月の模様は何に見える？ ……034

Chapter 2
月の動き

14 月の大きさと質量 ……036
15 月の公転周期 ……038
16 いつも月の同じ面が見えるのはなぜ？ ……040
17 近い月・遠い月 ……042
18 スーパームーンって何？ ……044
19 地球の自転と公転 ……046
20 地球の自転と日周運動 ……048
21 月の見かけの動き ……050
22 夏と冬で満月の高さは違う？ ……052
23 月の出の遅れと方角 ……054
24 細い月を見るには ……056
25 月の自転と公転 ……058
26 月の通り道 ……060

【きほんミニコラム】
月をめぐる物語①竹取物語 ……062

Chapter 3
月と地球の関係

27　地球照って何？ ……064
28　月から地球を眺めてみよう ……066
29　日食とは？ ……068
30　日本で起きた日食とこれから起こる日食 ……070
31　日食の周期性〜サロス周期 ……072
32　月食とは？ ……074
33　月の首振り運動 ……076
34　潮汐力を起こすのはだれ？ ……078
35　潮の満ち干 ……080
36　潮干狩りのシーズンはいつ？ ……082
37　月の暦『太陰暦』 ……084
38　太陰太陽暦①〜19年7閏法とは？ ……086
39　太陰太陽暦②〜閏月を入れるタイミング ……088
40　二十四節気の意味 ……090
41　中秋の名月 ……092

【きほんミニコラム】
月をめぐる物語②月に住む美女・嫦娥 ……094

Chapter 4
月の科学

42　月はどうやって生まれたの？ ……096
43　月は1ヵ月で作られた！？ ……098
44　月はどんどん離れている？ ……100
45　誕生直後のマグマオーシャン ……102
46　巨大隕石が降り注いだ40〜38億年前 ……104
47　火山活動が活発だった38〜30億年前 ……106
48　月からやってきた月隕石 ……108

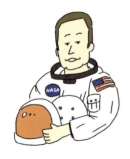

49 月の石はダイヤモンドより安い？ ……110
50 月を調べる〜探査機の時代 ……112
51 人類月に立つ〜アポロ計画 ……114
52 アポロのことをもっと知りたい人へ ……116

【きほんミニコラム】
月をめぐる物語③月の中のウサギ ……118

Chapter 5 望遠鏡で月を見る

53 月の観測史〜望遠鏡の時代 ……120
54 クレーターの形 ……122
55 月の火山の噴火でクレーターができた？ ……124
56 隕石の衝突でもクレーターができる？ ……126
57 月のクレーターは隕石の衝突でできた！ ……128
58 月の時代を区分する ……130
59 月の地名の名付け方 ……134
60 望遠鏡で楽しめる月の地形 ……136

【MOON DATA】
月のデータ ……142
月面図（表）……144
月面図（裏）……146
最近の月探査機 ……148
Webサイトで楽しむ月の名所 ……152
2021年〜2028年の月の満ち欠け ……154
日本でこれから見られる月食 ……156
月を知るためのインターネットサイト ……158

※画像でとくに記載のないものは著者撮影。
※本書は2006年に刊行された『月のきほん』の全面改定版です。

Chapter 1

月の
満ち欠け

01

月の満ち欠け

月はなぜ
追いかけてくるの？

　夜道を歩いていると、空高いところで月が明るく輝いています。しばらく歩いて振り返ると、移動したのに同じ位置に月が輝いています。「月が僕を追いかけてくる！」小さいころ、こんなふうに思ったことはありませんか。

　「月が追いかけてくる」理由は、月がとても遠くにあるからです。近くにある信号機は 10m も歩けば位置が違って見えますが、1km 先にある東京タワーは 10m 歩いても見える位置はほとんど変わりません。でも数百 m 歩けば位置が違って見えます。

　月までの距離は約 38 万 km。数 km 歩いたぐらいでは、見える位置はほとんど変わりません。だから「月が追いかけてくる」ように感じるのです。私たちの身近に見えるもので、こんなに遠くにあるものはありません。東京から見た富士山でもその距離は約 100km、月まではその 3800 倍も遠いのです。

　月は夜空の高いところで、煌々と輝いているのでとても目立ちます。そのため気になってしまい、ついつい振り向くと、自分を追いかけてくるような気持ちになってしまうのです。

　ところで、地球に一番近い惑星は金星、二番目に近い惑星は火星です。その距離は地球に一番近付いたときでも、月までの距離のそれぞれ 110 倍と 150 倍です。望遠鏡なしには大きさがわかりません。大きさのわかる天体である月が身近にあったからこそ、さまざまな素敵な物語や暦ができ、科学が進んだのです。

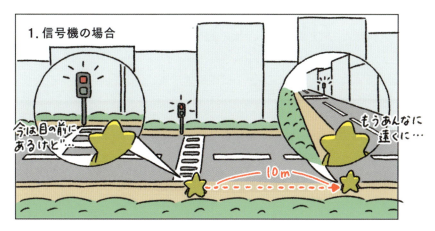
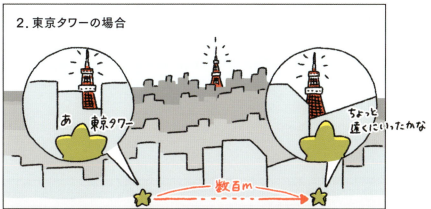

02 月はなぜ満ち欠けをするの?

月の満ち欠け

　月は太陽に照らされて、太陽に面している半分だけがいつも輝いています。それを地球から見ると、地球と月の位置関係によって光っている部分が増えたり減ったりして、満ち欠けをして見えるのです。
　新月から三日月→上弦→満月→下弦を過ぎて、再び新月になるまでの周期を朔望月といいます。朔とは新月のこと、望とは満月のことです。1朔望月は約29.5日です。
　また、新月から数えた日数を、月齢といいます。月の形と月齢は、およそ下のような関係があります。

新月：月齢0
上弦：月齢7.4
満月：月齢14.8
下弦：月齢22.1
新月：月齢29.5

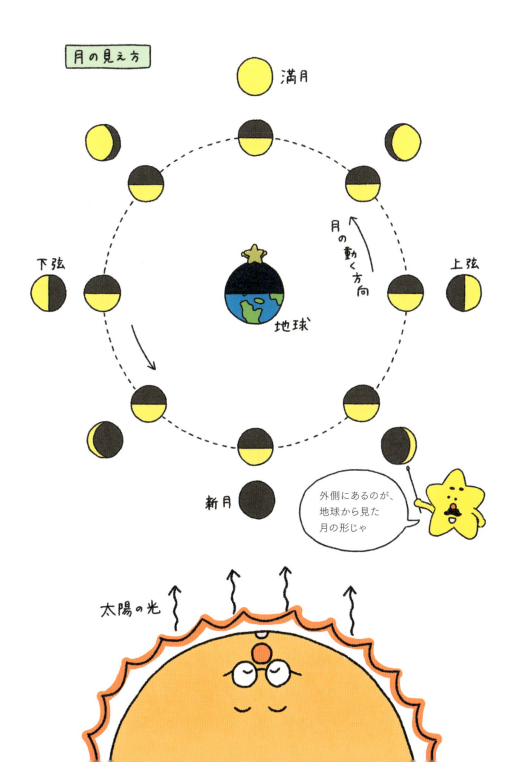

03

月の満ち欠け

新月～上弦の月の位置

新月(しんげつ)

　地球から見て、月と太陽が同じ方向にあるときの月をいいます※。新月のことを朔(さく)ともいいます。月は太陽と一緒に昇り、太陽と一緒に沈みます。新月は、太陽の光でまぶしいので、見ることができません。

※正確には、太陽と月の黄経(こうけい)が一致するときを新月といいます(p.46参照)。

上弦(じょうげん)

　地球の図は、地球の北側から見たものです。月は日の入りのときに、南の空でいちばん高くなります。南の空でいちばん高くなることを南中(なんちゅう)といいます。上弦の月は、左側半分が欠けて見えます。

　上弦の月は、夜中に西に沈みます。上弦の月は、昼に東から昇ってきますが、周りが明るいので気付く人は多くありません。空気の澄んだ海や山では、昼過ぎに東の空に昇ってきたばかりの上弦の月を見ることができます。

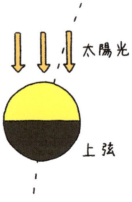

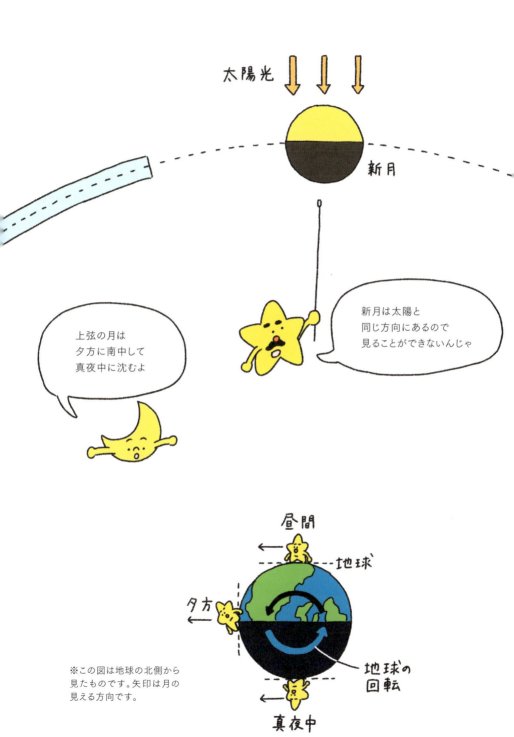

月の満ち欠け

満月〜下弦の月の位置

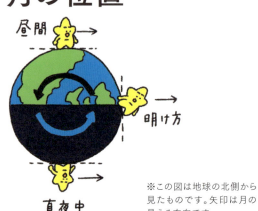

※この図は地球の北側から見たものです。矢印は月の見える方向です。

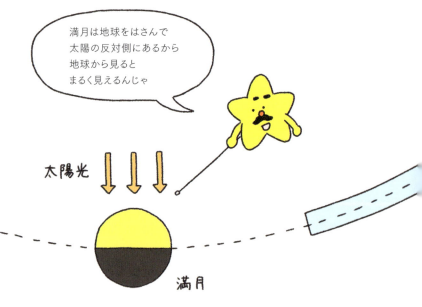

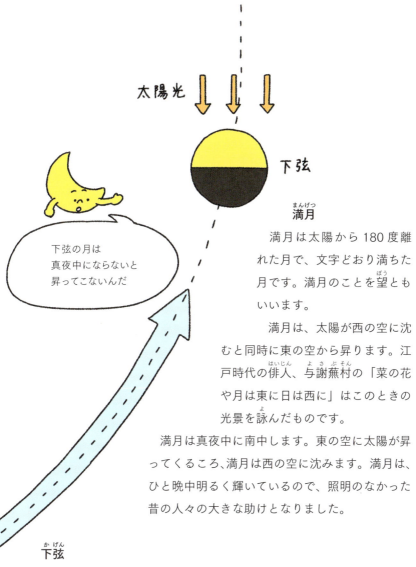

満月

満月は太陽から180度離れた月で、文字どおり満ちた月です。満月のことを望ともいいます。

満月は、太陽が西の空に沈むと同時に東の空から昇ります。江戸時代の俳人、与謝蕪村の「菜の花や月は東に日は西に」はこのときの光景を詠んだものです。

満月は真夜中に南中します。東の空に太陽が昇ってくるころ、満月は西の空に沈みます。満月は、ひと晩中明るく輝いているので、照明のなかった昔の人々の大きな助けとなりました。

下弦

下弦では図を見てわかるように、月は真夜中に東から昇り、明け方に南中します。このとき右半分が欠けて見えます。

下弦の月は、正午ごろに西に沈みます。午前10時ごろには西空に傾いて見えますが、空が明るいので気付かない人も多いでしょう。

月の満ち欠け

上弦と下弦の名前の由来

　半月のことを弓に張った弦に見立て、弦月または弓張り月とよびます。太陰暦や旧暦（p.84〜89参照）でも、今と同じくひと月を3つに分けて上旬、中旬、下旬とよんでいました。太陰暦や旧暦では、ひと月に弦月（半月）はかならず2回あるので、上旬の弦月を上弦、下旬の弦月を下弦としたのです。

　ところで、上弦と下弦の由来について、次のような俗説が広く信じられています。「上弦では弦を上にして月が沈み、下弦では弦を下にして沈むことから名付けられた」という説です。しかし、下弦の月が西空に傾きかけるのは、周囲（空）が明るくなっている午前10時ごろのこと。弦が下にあることには、ほとんど気付きません。このことから、この説が誤りであることがわかります。

上弦の月

夜22時ごろに沈む上弦の月はたしかに弦が上になっているね

下弦の月

下弦の月が沈む朝10時ごろはすでに明るくはっきりとは姿は見られないんじゃこの写真は真夜中過ぎに東の空から昇るところを撮ったものじゃな

月の満ち欠け

三日月は
どのくらい細い？

　三日月は、旧暦3日の細い月です。旧暦では新月の日（月齢0前後）を1日と決めていますから、三日月は、月齢2前後のとても細い月です。ふつうの人が三日月だと思っているのは、実際には四日月、五日月であることが多いのです。

　三日月は、太陽から30度程度しか離れていないので、太陽が沈んだばかりの西空を注意深く見ていないと見つかりません。そして、1時間ほどで西空に沈んでしまいます。

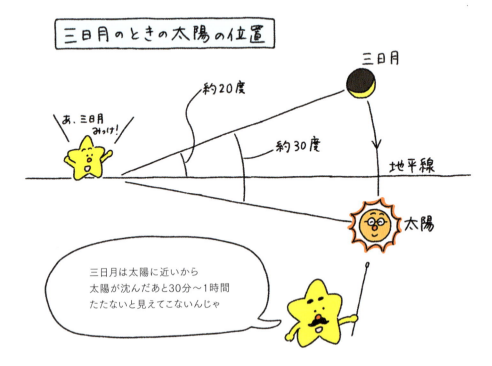

五日月

四日月

三日月

07

月の満ち欠け

月の形は
どちらが本物？

　絵や国旗には、よく月が登場します。国旗では三日月型が多く、世界の約200ヵ国のうち、15ヵ国で採用されています。そのうち月の形が下のAの形の国旗が9ヵ国、Bの形の国旗が6ヵ国です。さて、実際の月はどちらの形をしているでしょうか？

　正しいのはBです。Aのように南北を結ぶ線を越えて回り込むことはありません。右ページの図を使って説明しましょう。

　右ページの上の半円は月を北から見たもの、下の円は月を地球から見たものです。新月のときには、太陽は月の向こう側にあり、月の明るい部分と暗い部分の境界線（明暗界線）は、上図のEFとなります。明暗界線は、月が地球を回るのにしたがって、毎日12度ずつ移動します。

　この明暗界線を地球から見ると、月のほぼ両極を通る大きな円を斜めから見ることになります。円を斜めから見ると楕円になりますから、明暗界線の形は楕円を半分に切った形になります。したがって上弦前の月の形はBとなり、半月過ぎの月の形も、CでなくDということになります。右の下図では、毎日の明暗界線の移動が示してあります。月齢1〜3の細いときと月齢12〜15の満月近くでは日ごとの月の形の変化は乏しく、上弦付近では大きく変わることもわかります。

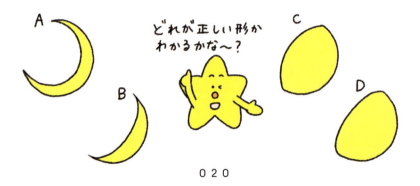

020

月を北(上)から見たもの

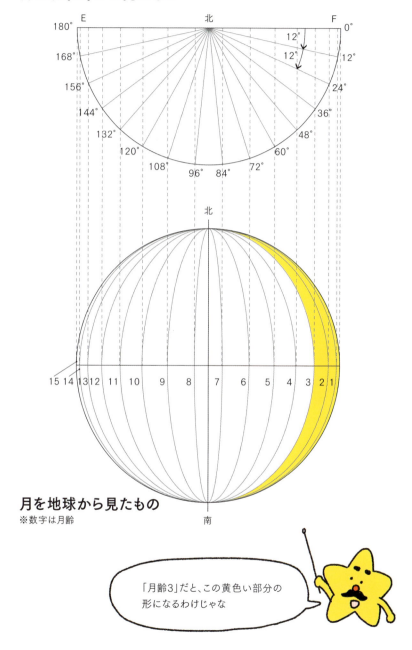

月を地球から見たもの
※数字は月齢

「月齢3」だと、この黄色い部分の形になるわけじゃな

月の満ち欠け

月の形からわかる太陽の位置

　月の形から太陽の位置がわかったら楽しいと思いませんか？ これは、そんなにむずかしいことではありません。

　満月ならば、太陽は月の反対側にあります。したがって満月が西に少し傾いていれば、午前1時ごろであることもわかります。半月ならば、太陽は月から90度離れた位置にあり、その方向は月の光っている側です。三日月のように細い月ならば、月に弦を張って弓を射ることを想像

するのが便利です。このとき弓矢が飛んで太陽に突き刺さる距離は、月の太さに比例します。ですから、三日月の場合は、弓矢が少ししか飛ばない場所に太陽があるのです。

　上弦過ぎの月、あるいは満月過ぎの月でも、下の図を見ながら考えてみれば簡単です。このときは弓矢が遠くまで飛ぶので、太陽は月から離れた場所にあることになります。

　皆さんも月のある風景写真を見たことがあるでしょう。その中には夕空に満月がぽっかり浮かんでいたり、三日月の弦がとんでもない方向を向いているものもあります。それらはすべて合成写真なのです。月を扱った本にさえこのような合成写真がときに見られますが、そのときには上の方法を使って間違い探しを楽しんでみましょう。

三日月は太陽に近いところにあるんだね

月の満ち欠け

月の名前

　毎日、月が見えるのが当たり前だと感傷的な気分にはなりませんが、日本では雨で見えなかったり、雲間から見え隠れするので月への思いが募り、さまざまなよび名が付いたのかもしれません。

十五夜（じゅうごや）の月
旧暦15日の月。このころに満月になることが多いので、満月のことを十五夜の月ということもあります。日没のころに昇ってきます。

十六夜（いざよい）の月
旧暦16日の月。「いざよう」は「進もうとしてもなかなか進めない」の意味で、これから「いざよい」は待っていてもなかなか出てこない月の様子を表わしています。

立待ち（たちまち）の月
旧暦17日の月。立って待っているとそのうちに出てくるという意味です。

居待ち（いまち）の月
旧暦18日の月。座って待っているとそのうち出てくるという意味です。

寝待ち(ねまち)の月
旧暦19日の月。寝ながら待っているとそのうち出てくるという意味です。実際に昇ってくるのは夜21時ごろなので、昔の人は寝るのがいかに早かったかがわかります。

更待ち(ふけまち)の月
旧暦20日の月。さらに待っているとそのうち出てくるという意味です。

有明(ありあけ)の月
有明の月とは、夜明けになってもまだ残っている月のことで、十六夜月よりもあとの月をいいます。

十五夜以降の月にはいろいろな名前があるんだね！

それだけ昔の人は月の出を心待ちにしてくれてたんだ

　平安時代には男性が女性のもとに通う習慣があり、女性は月の出を見ながらまだ来ぬ男性を待つ気持ちを歌に詠みました。また有明の月は、夜明けに帰ってゆく男性との別れのつらさを詠んだ歌によく登場します。

月の見かけの
大きさと明るさ

10

月の満ち欠け

月の見かけの大きさ

天体の大きさは、角度で表わします。地球から見た月のおよその大きさは、1度（°）の半分の30分（′）です。これは、5円硬貨を手に持って腕を伸ばしたときの穴の大きさにすぎません。「そんなに小さいはずがない！」と思う人は、実際に5円硬貨の穴に月がすっぽり入ってしまうか試してみてください。

月は地球の周りを楕円軌道で回っているので、遠地点（地球から遠い位置）と近地点（地球から近い位置）では大きさが違います（p.42参照）。遠地点のときは29.4分、近地点では33.5分で、大きさが14％も違うのです。

月の明るさ

半月の面積は満月の2分の1だから、明るさも2分の1？ いいえ、半月の実際の明るさは満月の8％しかありません。月齢3ではさらに半月の8分の1で、満月の1％の明るさしかありません。これは月面の性質によるものです。

次に、見かけの大きさの違いによる月の明るさを考えてみましょう。月の大きさは近地点と遠地点では14％違い、面積では30％違います。そのため地上を照らす明るさも30％違います。

月の明るさが気になるのは、やはり満月のときです。昔の人が夜道を歩くための照明は提灯ぐらいしかありませんでした。煌々と輝く満月の夜には、提灯なしでも歩けてどんなに助かったことでしょう。

それでは、月面に立ったときの明るさはどうでしょうか。物質の明るさは、入ってくる光の強さと照らされている物質の反射率によって決ま

026

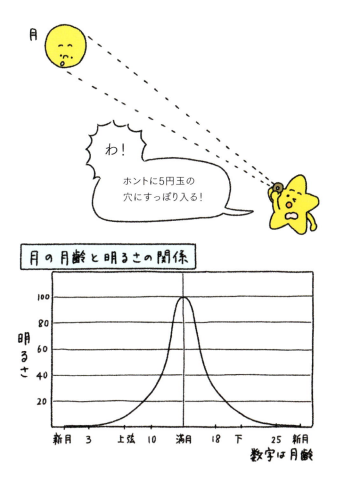

　ります。地球上の物質の反射率は、降ったばかりの雪が90%、砂漠の砂が30%、日本の土が20%、森林が10〜20%程度です。

　月には明るい高地と暗い海がありますが、高地の反射率は10〜20%、海の反射率は5〜8%です。5〜8%といえば地球上の物質では石炭の反射率ですから、ずいぶん暗くて黒色といってよいでしょう。この黒さは、海が玄武岩の溶岩でできているためです。白く輝いているように見えるクレーターでも、実際の反射率は20%で、日本人の肌ぐらいの明るさしかないのです。

11 地平線の月は大きい？

月の満ち欠け

　高速道路を走っているときなど、ふいにビルの谷間から昇ってきた大きい満月を目にしてびっくりすることがあります。地平線の近くに見える月は、実際に大きいのでしょうか？

　実は、小さいのです。下の図を見るとわかりますが、月が天頂付近にあるときにくらべて、月の出と月の入りのときには最大で地球の半径分、地球は月から遠いのです。しかしこれは月の見かけの大きさの差にするとわずか1.7％ですから、誰も気が付かないでしょう。

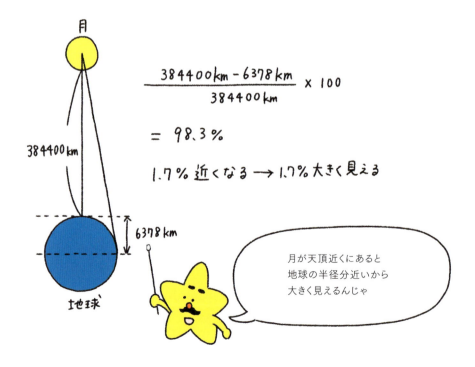

ではなぜ、地平線付近の月は大きく見えるのでしょうか？　この現象は「月の錯視」といわれ、2000年以上も議論されています。
　1番目の原因は「地上風景比較説」です。地上の遠景には山、木々、ビルなどがあり、この向こう側に見える月が、実際よりも大きく感じられるのです。
　2番目の原因は「天球形状説」です。人間は、同じ大きさのものでも水平方向から頭を上げるにしたがって小さく感じるようになるというのが、この説です。周りに何もない砂漠でもオリオン座などの星座は地上付近にあるときには大きく感じられるので、この説も説得力があります。
　このほかいろいろな説がありますが、「地上風景比較説」と「天球形状説」がおもな原因となって、地平線の月は大きく見えるようです。

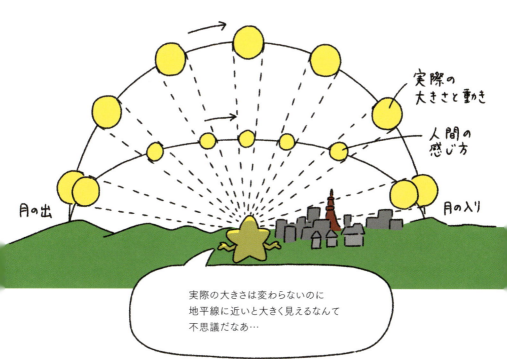

12

月の満ち欠け

お盆のようにまるい月

「出た出た月が　円い円い　まんまるい　盆のやうな月が」
これは明治時代の文部省唱歌「月」で、メロディを知っている人も多いでしょう。この歌では月がお盆のようにまるいことが強調されています。
　現在では、惑星探査機がさまざまな惑星や衛星の画像を撮影しています。それらが撮影した地球、火星、木星、ガリレオ衛星を見てみると、

木星の周りは
ぼんやりと暗くなって
見えるなあ

これが周辺減光か…

（画像：NASA/Damian Peach, Amateur Astonomer）

かならず周辺部が暗くなっていることがわかります。このような現象を「周辺減光(しゅうへんげんこう)」といいます。球体に光が当たると周辺減光が起こりますが、その程度は天体の表面の性質によります。たとえば表面が鏡のように平らでなめらかであれば、周辺減光は著(いちじる)しくなります。

　ところが月は、この周辺減光がまったく見られない奇妙な天体なのです。これは月の表面を覆うレゴリスとよばれる砂礫(されき)の性質によるためです。満月は、お盆のような平面を天球に貼り付けたように見えます。周辺減光のない月を「お盆」にたとえたのは、作詞者のするどい観察力があったからだと私は思います。もし周辺減光があったなら「ボール」にたとえていたかもしれません。

031

13

月の満ち欠け

日の出と日の入り・月の出と月の入り

　太陽は見かけの大きさがあるので、その上端(じょうたん)・中央・下端(かたん)では昇ってくる時刻が違ってきます。日の出の時刻は、太陽の上端が地平線に接した時刻です。太陽は、上端が見えただけでも、辺(あた)り一面がぱっと明るくなりますから、この決め方は私たちの感覚によく合います。日没も太陽の上端が地平線に接した時刻となります。

　では月の出、月の入りはどうでしょうか。結論からいってしまうと、いずれも月の中心が地平線に接した時刻を基準にしています。

　日の出・日の入りを見たことのある人は多いでしょうが、地平線に月

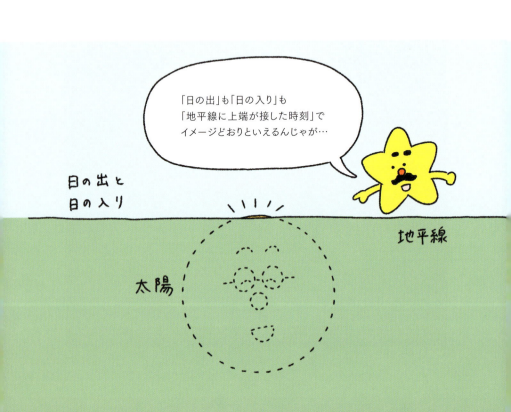

の出や月の入りを見たことのある人はほぼいないでしょう。満月でさえ、太陽の光の50万分の1の明るさしかないので、よっぽど空気が澄んでいなければ、東の地平線に顔を出す瞬間はわからず、西の地平線に達する前には消えてしまうからです。

　光っている部分が地平線に接するときを月の出、あるいは月の入りと決めて計算しようと思っても、月は三日月、上弦、満月と刻々と形を変えるので地域ごとに計算するのは至難の業です。がんばって計算してみたところで、実際にその瞬間は確認できないのです。このような理由から、月の中心を基準に、月の出・月の入りが決められているのです。

　新聞や本では決められた場所の日の出・日の入り、月の出・月の入りの時刻が書かれていますが、どこにいるかでその時刻は違ってきます。最近のスマートフォンのアプリでは、GPS機能によってその人のいる場所の出入時刻を教えてくれるようになっています。

きほんミニコラム

月の模様は何に見える？

「月ではウサギが餅をついている」という話は有名ですね。まさか本当に餅つきをしているわけではありませんが、天体望遠鏡がなかった時代の人々は、月の模様を見て、いったいどのような世界なんだろうかと思いをめぐらせたのでしょう。

下の4つは、代表的な月の模様の見立て方です。

Chapter 2

月の動き

14

月の動き

月の大きさと質量

　月の半径（1738km）は、地球の半径（6378km）の約4分の1です。したがって、月の体積は、地球の体積の50分の1になります。しかし質量でくらべると、月の質量は地球の質量の約80分の1しかありません。これは1cm³あたりの質量が、地球が5.5gなのに対して、月は3.3gと軽いためです。しかし衛星としては小さいわけではありません。

木星の衛星の中には月よりも大きな衛星もありますが、本体の木星にくらべるとずっと小さなものです。これにくらべると、地球の衛星である月は、大きな衛星といえます。

　なお、これまで、月は地球の周りを回っていると書いてきましたが、実際には地球と月の共通重心の周りを回っています。共通重心の位置は、地球の中心から約4600km、地表から約1750kmの地球内部にあります。地球も月も、この共通重心の周りを回っています。

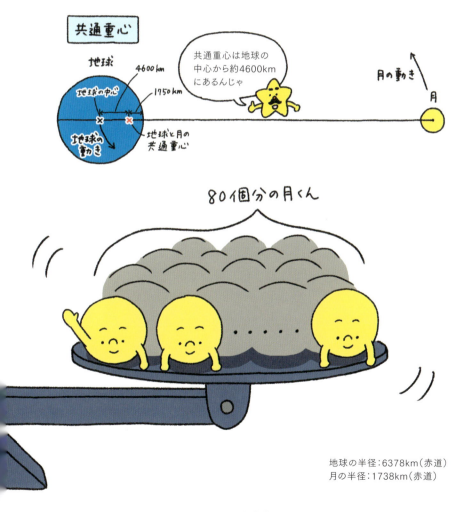

地球の半径：6378km（赤道）
月の半径：1738km（赤道）

15 月の公転周期

月の動き

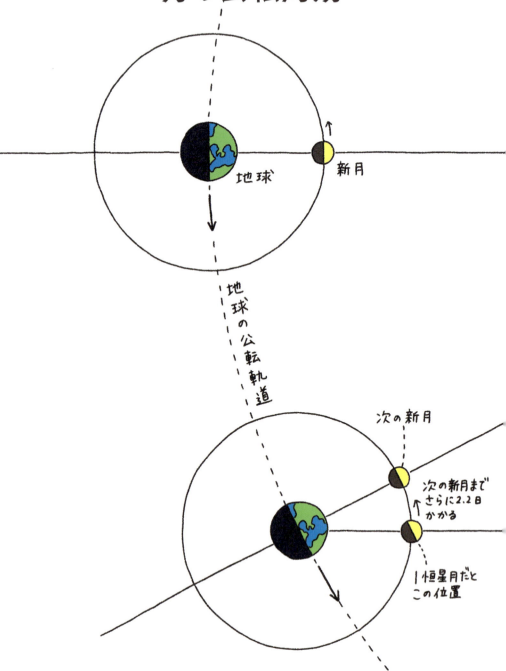

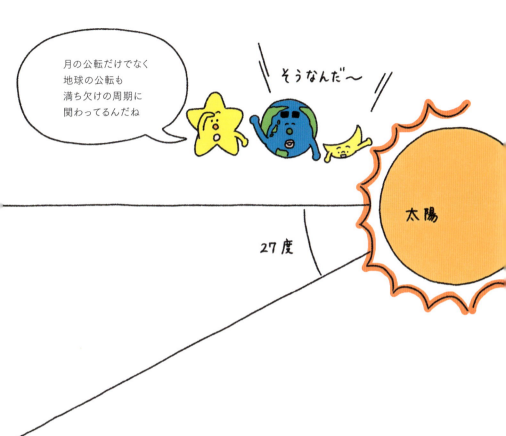

　地球が太陽の周りを回るように、大きな天体の回りを別の天体が回る動きを公転といいます。月は地球の周りを公転しています※。

　新月から次の新月までの周期を「朔望月」といい、1朔望月は約29.5日です。一方、月が地球の周りを1周する公転周期は、遠くの恒星を基準とするので「恒星月」といい、1恒星月は約27.3日です。

　さて、朔望月29.5日と恒星月27.3日の差2.2日はどうして生じるのでしょうか。月が地球の周りを1周する間に地球は太陽の周りを27度回ります（移動します）。このため、この27度分の月の公転による月の動きが必要で、次の新月まではさらに2.2日かかるのです。

※厳密にいうと、月は地球と月の共通重心を中心として公転しています（p.37参照）。

16 いつも月の同じ面が見えるのはなぜ？

月の動き

　月は満ち欠けを繰り返していますが、いつでも同じ面を地球に向けています。それでは、月は自転していないのでしょうか？

　図を見ながら説明しましょう。右ページの上図のように、もし月が自転していなければ、地球の周りを回る間に、月の裏側が見えてしまうことになります。しかし実際の月は、下図のようにいつも地球に同じ側を向けているので、1回公転する間に1回自転していることになります。月は自転周期も公転周期も27.3日ということです。

　月のように自転周期と公転周期が一致し、いつも同じ面を向けているのは非常に安定している状態で、太陽系の多くの衛星にも見られます。しかし、月がいつ地球に同じ面を向けるようになったのかは、わかっていません。

月の裏側
海がなく、大きなクレーターに覆われている。（画像：NASA）

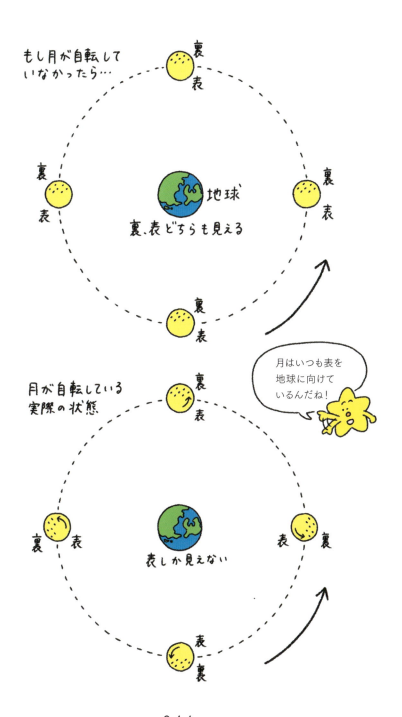

近い月・遠い月

　月は地球の周りを回っています。その距離は、地球を30個並べられる距離です。
　正確にいうと、地球の周りを回っている月の軌道は、楕円とよばれる少しつぶれた円です。楕円には2つの焦点があって、その一つに地球が位置しています。地球が近くにいるとき（近地点）と遠くにいるとき（遠地点）では距離が地球4個分、14％も違います。太陽の周りを回っている地球の軌道も楕円ですが、近いときと遠いときの距離の違いは3％ですから、月の軌道の方がゆがんでいるといえます。
　地球の周りを回る月の平均速度は毎時3683kmですが、地球に近いときは速く（毎時3978km）、地球から離れているときはゆっくり（毎時3499km）回っています。

月の軌道

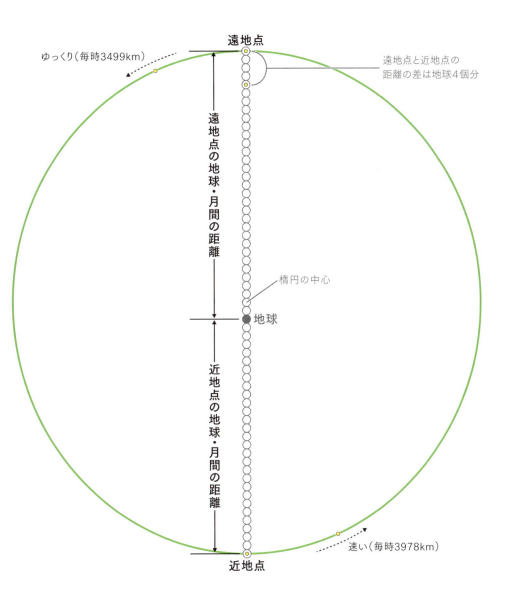

043

18

月の動き

スーパームーン
って何？

　ここ数年、「スーパームーン」が話題になっていますが、これは天文学的に定義された言葉ではありません。1979 年、占星術師のリチャードノーレが「月が最近のときに起こる新月、または満月をスーパームーン」とよんだことがもとになっています。しかし新月は見えないので、最近の付近で起きる満月を「スーパームーン」とよぶことが多くなっています。ここではその意味で使います。「スーパームーン」は 2011 年、NASA のニュースサイトで使われてから世界中に広まりました。

　月は 42 ページのように、ほぼ楕円軌道で地球の周りを回っていますが、少しずつ向きを変え、近地点は 1 年で 46 度前進します。近地点からふたたび近地点までもどってくる周期（近点月）は 27.5 日です。一方、満月から満月までの周期は 29.5 日です。あるとき満月が近地点で起こったとすると、次の近地点は満月の 2 日前、その次の近地点は満月の 4 日前とずれ、15 回目の近地点はまた満月で迎えることになります。したがってスーパームーンは 27.5 日× 15 ＝約 413 日周期で起こることになります。つまり 1 年 365 日の間にスーパームーンが起こらない年もあるのです。2017 年がその年にあたります。

　満月でなくても、近地点でならばその距離は同じように思いますが、そうではありません。満月のときには、太陽・地球・月が一直線に並ぶので、月が太陽の引力を受けて地球に近付くのです。その影響は 13000km 程度。近地点と遠地点の距離の差、約 4 万 km とくらべても見過ごせない量です。

　昨年、スーパームーンの晩に散歩をしていたら、地平線の向こうから昇ってくる月を多くの人たちがスマホで撮っているのにはびっくりしました。身近に月を感じてもらうよい機会になるかもしれません。

044

月の軌道

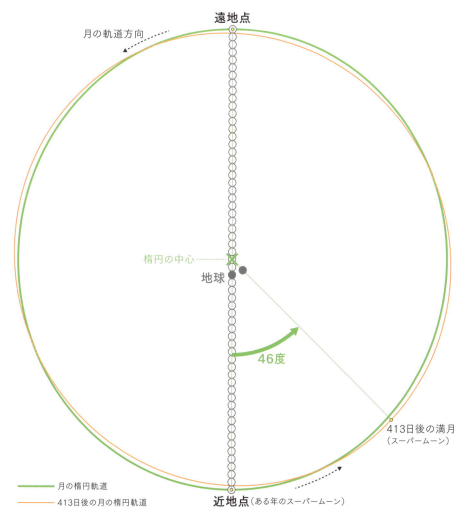

遠地点
月の軌道方向
楕円の中心
地球
46度
413日後の満月（スーパームーン）
近地点（ある年のスーパームーン）
― 月の楕円軌道
― 413日後の月の楕円軌道

最遠の月　　最近の月

19 地球の自転と公転

月の動き

　下の図のように、地球は365.25日をかけて太陽の周りを1周しています（公転）。同時に地球自身も24時間をかけて回っています（自転）。地球の自転軸は公転の軌道面に対して23.5度傾いています。このため季節の変化が生まれるのです。

　次に、右の図で地球を中心とした太陽の1年間の動きを見てみましょう。外側の球は、月や太陽、星ぼしをわかりやすく映し出す大きなスクリーンで、天球といいます。地球の赤道を天球にのばしたのが天の赤道、天球に太陽の通り道を描いたのが黄道です。

　天の赤道と黄道の交点は2つありますが、太陽が南側から北側に移動する方が春分点、北側から南側に移動する方が秋分点です。黄経（黄道上の太陽の通り道に付けた目盛り）は春分点を0度とし、黄道上の太陽の動きに合わせて夏至点は黄経90度、秋分点は黄経180度、冬至点は黄経270度になり、春分点にもどります。

　太陽の位置は、夏至のときに春分点から90度離れてもっとも北側に、冬至のときには春分点から270度離れてもっとも南側になります。春分は3月21日ごろ、夏至は6月21日ごろ、秋分は9月23日ごろ、冬至は12月22日ごろになります。

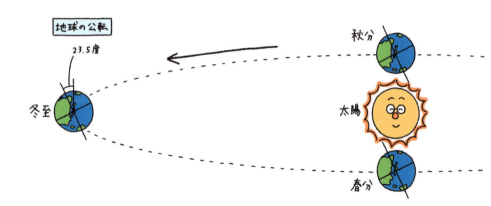

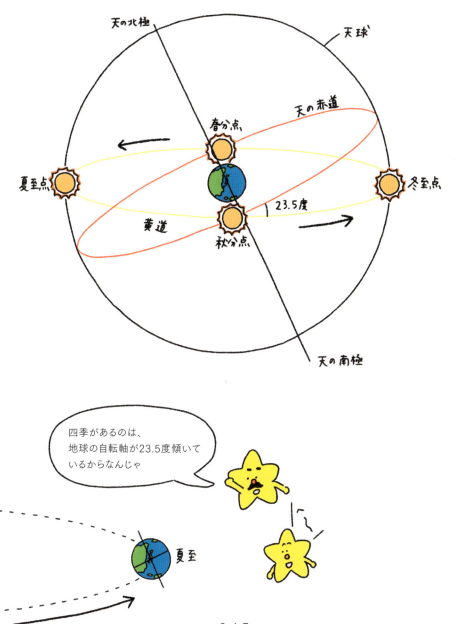

月の動き

地球の自転と日周運動

　地球の自転によって、地球から見て太陽が動いているように見える運動を日周運動といいます。日周運動は住んでいる場所によって違って見えます。

　春分と秋分のときには、太陽は天の赤道上にあり、地球の赤道から見ると太陽は真東から垂直に昇り、頭の真上を通って、垂直に真西に沈みます。冬至のときには、太陽は南寄りに、夏至のときには北寄りに移動しますが、地平線に対してほぼ垂直に昇り、沈むことには変わりありません。

　では北極にいる人ではどうでしょうか。春分と秋分のときには太陽はちょうど地平線上にあり、東→南→西→北→東と24時間かかって1周します。すると1日じゅう太陽が見られます。夏至のときには太陽の高度は23.5度にあり、やはり東→南→西→北→東と24時間かかって1周します。冬至のときには太陽は1日じゅう地平線の下にあって見られません。

　日本のような中緯度では、春分と秋分には太陽は真東から昇りますが、昇る方向は南に向かって斜めに昇ります。沈むのは真西ですが、沈む方向は北に向かって斜めに沈みます。右ページの図からわかるように、夏至には北寄りから昇り、冬至には南寄りから昇りますが、いつでも斜めに昇り、斜めに沈みます。

※夏至・冬至は、太陽の黄経が90度、180度で定義されているので（p.46参照）、南半球では冬に夏至、夏に冬至となります。

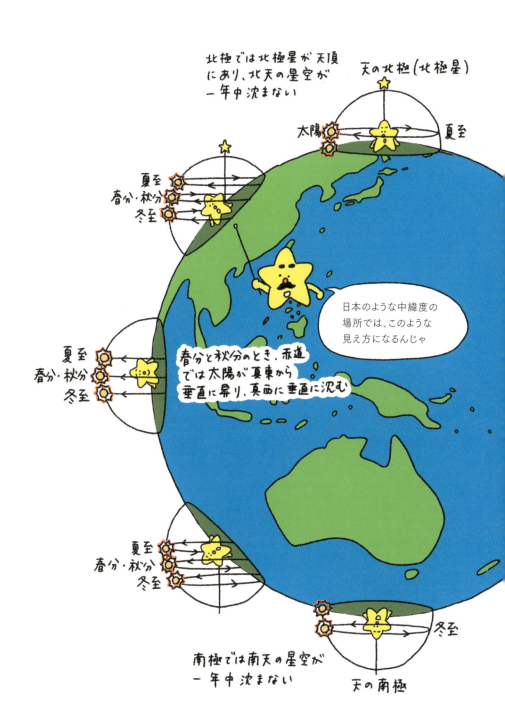

21

月の動き

月の見かけの動き

　月は、太陽と同じように毎日東から昇り、西に沈みます。これは地球の自転運動によって起こる現象です。月は1時間に15度ずつ西へ動きます。

　毎日、同じ時間に月を観察していると、月が周りの星ぼしに対して東の方へ動いていくことがわかります。これは月が地球の周りを回っていることが原因です。月は満ち欠けをしながら29.5日かかって360度回り、太陽と同じ方向にもどってきます。360度÷29.5＝約12度で、月は毎日12度ずつ東に動いていくことがわかります。この結果、月の出も約50分ずつ遅くなります。

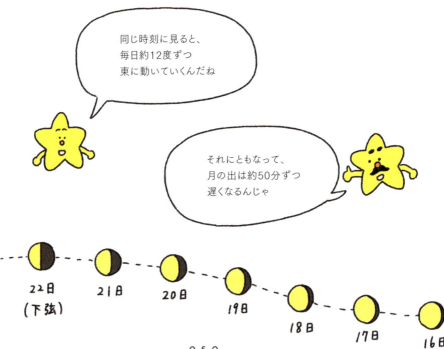

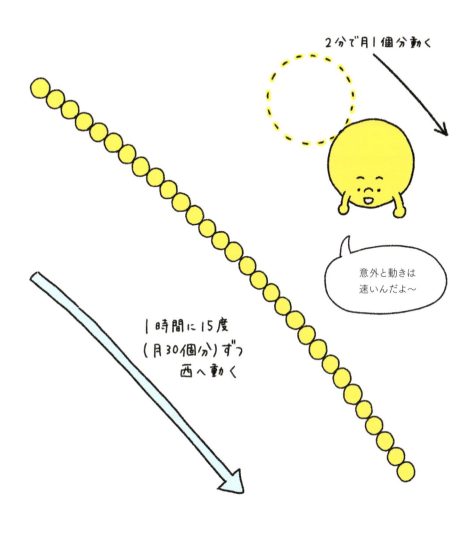
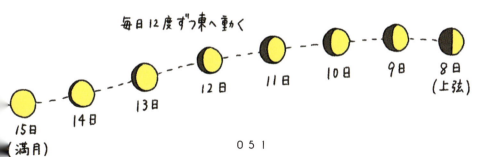

月の動き

夏と冬で満月の高さは違う?

　寒々とした冬空に、空高く昇った満月が煌々と輝いている様子を覚えている人も多いでしょう。冬の満月はなぜ高く昇るのでしょうか?

　理由は、月がいつも黄道付近にいるためです (p.58参照)。夏の太陽は黄道の南寄り、満月は太陽の反対側にあるので、黄道の北寄りにあります。夏は太陽が黄道の北寄り、満月は南寄りにあるので、夏の満月は低いのです。

　春・秋の太陽は赤道付近にあり、反対側にある満月も赤道付近にあるので、月の高さは夏と冬の中間の見やすい高さとなります。

　旧暦では7月、8月、9月が秋で、8月は中秋といいます。暑かった夏も終わってしのぎやすくなり、満月もほどよい高さに見えるので、旧暦8月15日の月を「中秋の名月」とよんで、ススキやお団子を供えてお祝いするようになったのです。

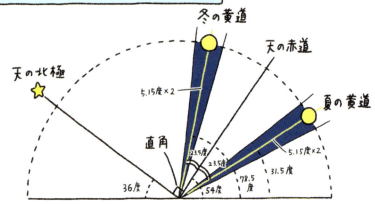

※図中の5.15度についてはp.58参照

冬の満月

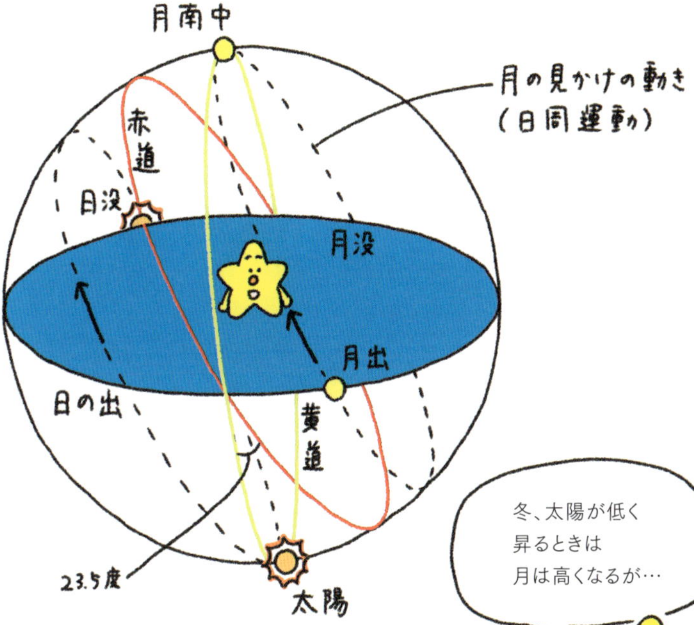

月南中

赤道

日没

月没

月の見かけの動き
（日周運動）

月出

日の出

黄道

23.5度

太陽

> 冬、太陽が低く
> 昇るときは
> 月は高くなるが…

> 夏、太陽が高く
> 昇るときは
> 月が低くなるんじゃ

夏の満月

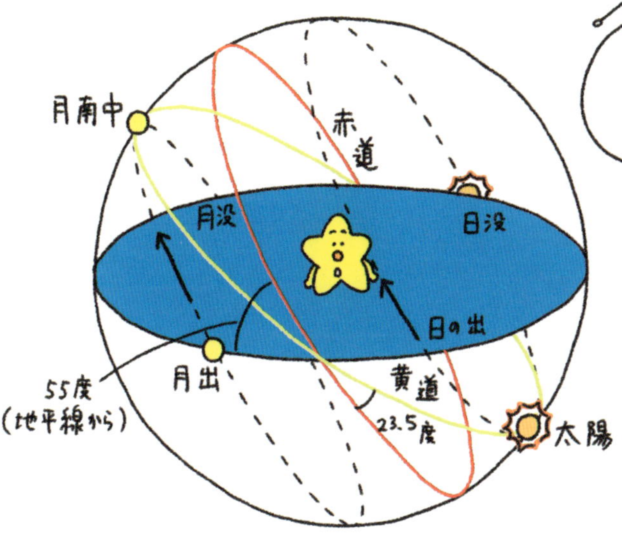

月南中

赤道

月没

日没

黄道

月出

日の出

23.5度

太陽

55度
（地平線から）

053

23

月の動き

月の出の遅れと方向

　50ページに「月の出は毎日平均50分ずつ遅くなります」と書きましたが、実際には季節や場所によって変わってきます。下の図は東京での春分・秋分ごろの満月の出の様子です。

　月の通り道（白道）は黄道に近いので月が黄道上を動くものとします。月は黄道上を1日12度動きますが、春分と秋分では黄道の地平線に対する傾きが大きく異なります。このため、春分ごろの満月の出の遅れが60分なのに対して、秋分ごろでは30分しかありません。秋分ごろに

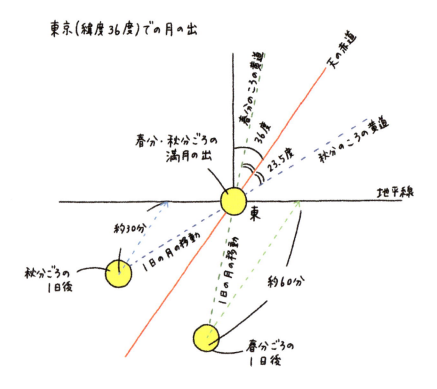

は中秋の名月（p.92参照）を迎えますが、この時期は、毎晩縁側に座って月の出を待っていても、ほどなく月が昇ってくるので、満月だけではなく、月を眺めるにはよい季節なのです。

　月の出の遅れはその土地の緯度によって変わり、高緯度地方では遅れが大きくなります。また月の出てくる方向も、高緯度では大きく変わっていきます。例として、経度59度にあるスウェーデンのストックホルムでの月の出を紹介します。春分のころの満月ごろの月の出は毎日90分ずつ遅くなるのに対して、秋分のころは15分ほどです。東京の図とくらべるとその違いがよくわかります。

　また、さらに北の北極圏では、月が南の空から昇ってすぐ沈んでしまったり、半月以上も月が見えない時期などもあります。

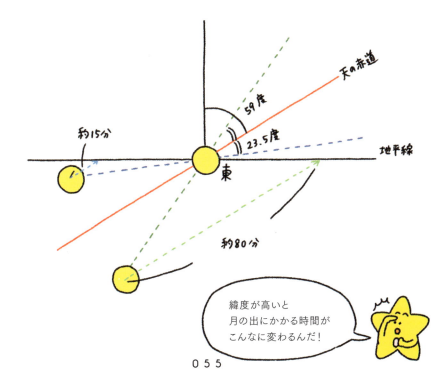

24

月の動き

細い月を見るには

　いろいろな形の月を見ていると、どのくらい細い月まで見えるだろうか、と挑戦したくなりませんか。

　「三日月」を見たことがあると思っている人は多いですが、三日月というのは月齢 2 の糸のように細い月です。実際には 4 日月ぐらいであることが多いのです。三日月は太陽から約 25 度しか離れていないので、条件のよいときを選んで見たいものです。

　三日月の見ごろは春です。春は黄道が地平線に対して立っているので、黄道の近くにいる三日月の高度が高くて見やすいのです。これに対して秋には、黄道が地平線に対して寝ているので、三日月の高度は低くなります。太陽からの角度が同じ 25 度でも、春と秋では三日月の高度は 2 倍も違ってきます。明け方に見える細い月、27 日月の場合には、条件が反対になり、見ごろになるのは秋です。私の経験ではこのように注意深く時期を選べば、月齢 1.0 〜 1.5 程度の細い月を見ることができます。

　さらに細い月を見ようとするなら、もっと工夫が必要です。たとえば月の動きが速い近地点付近の時期を選ぶとか、空気の澄んだ高山に登る方法もあります。双眼鏡や望遠鏡も助けとなるでしょう。

　これまでの細い月を見た世界記録は、肉眼では 1990 年 5 月 24 日、アメリカのカリフォルニア州にあるウイルソン山天文台からの観測で、新月から 15 時間 32 分後、太陽からの角度は 9.1 度でした。また 2002 年 9 月 7 日、イランの首都テヘランでは、口径 15cm・倍率 40 倍の大型双眼鏡を使って、新月から 11 時間 40 分後、太陽からの角度 7.5 度の細い月を観測した記録があります。

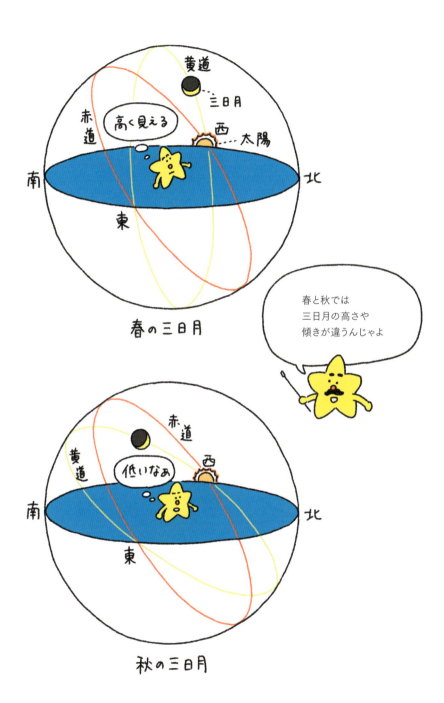

月の自転と公転

　月の軌道を横方向から見ると、下図のようになります。月の公転軌道面は、地球の公転軌道面に対して5.15度傾いています。また月の自転軸は、地球の公転軌道面に対して1.5度しか傾いていません。このため、月の南極や北極の深いクレーターの底には、永久に太陽光の当たらない場所ができるのです。

　月の公転軌道面の傾きはわずか5.15度なので、地球から見ると月も黄道付近を動いているように見えます。地球以外のおもな惑星も、公転軌道面の傾きが地球とよく似ているため、やはり黄道付近を動いているように見えます。

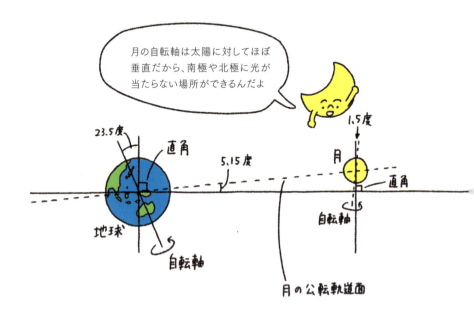

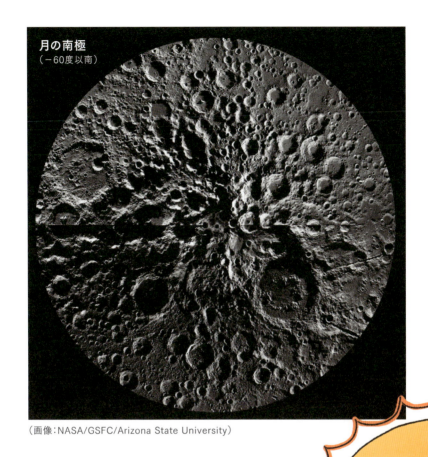

月の南極
（−60度以南）

（画像：NASA/GSFC/Arizona State University）

太陽光

地球の公転軌道面

月の公転軌道の傾きは地球から見て約5度しかないから、月も黄道上を動いているように見えるんじゃ

26 月の通り道

月の動き

　黄道面と月の軌道面（白道）の交点は、基準点の春分点に対して18.6年で1周します。このため、月が移動する星座も毎年少しずつずれて、18.6年で元にもどります。また同じ季節の満月の南中高度も、年によっては最大10度（≒5.15度×2）変化します（p.52参照）。

　月が移動する星座が少しずつずれるのがよくわかるのは、黄道付近にある1等星が月によって隠される現象（食）です。しし座のレグルス、おとめ座のスピカ、さそり座のアンタレス、おうし座のアルデバランなどが月によって隠されます。

　これら1等星の食は、18.6年のうちで数ヵ月間起こりますが、観測地に月が出ていなかったり、昼間だったりすることもあるので、実際に見られる機会は限られます。2017年4月にはアルデバランの食がありましたが、次回は18年後の2035年になります。

　月は黄道付近を動いているので、月の位置は、黄道を基準とした座標系、黄道座標で表わすと便利です（p.46参照）。月と太陽の黄径の差が0度で新月、90度で上弦、180度で満月、270度で下弦となります。

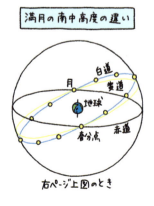
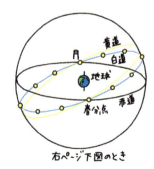

月の昇交点・降交点の移動

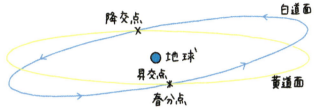

月が黄道面の南から北に向かって交差する点が昇交点。
北から南に向かって交差する点が降交点。

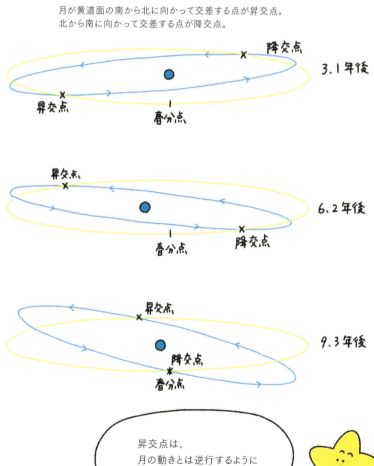

昇交点は、
月の動きとは逆行するように
動くんだね

きほんミニコラム

月をめぐる物語① 竹取物語（日本）

　昔、竹取の翁とよばれるお爺さんがいました。ある日、山に入ると一筋が輝く竹を見つけました。不思議に思って近寄ると、小さなかわいらしい女の子が竹の中に入っていました。家に連れ帰り、お婆さんと一緒に育てます。3ヵ月するとすっかり成長して、たいそう美しい娘になり「なよ竹のかぐや姫」と名付けられました。お爺さんが竹取りに行くと、金の入った竹を見つけることが重なり、生活も豊かになりました。

　かぐや姫の麗しさは都でも評判になり、5人の貴公子がかぐや姫にプロポーズします。しかし、かぐや姫は5人の貴公子に無理難題をいって相手にせず、追っ払ってしまいます。3年が過ぎた春、かぐや姫は月を見て物思いにふけり、さらに日がたつと月を見て泣くようになります。この様子を心配したお爺さんが問いただすと「私はこの国の人ではなく月の住人なのです。昔からの約束で8月15日に月からの使者がやってきて、私は月に帰らねばなりません」と打ち明けます。

　やがて運命の8月15日がやってきます。高野大国を総大将として2000人の兵士がかぐや姫の家を取り囲み、守りを固めます。しかし月からの迎えは神々しく光り輝いて、兵士たちは戦意を失ってしまいます。ついにかぐや姫は月に帰ってしまいます。

　「いまは昔、竹取の翁というもの有りけり…」ではじまる『竹取物語』は平安時代初期（9世紀）にできた日本最古の創作物語です。作者は不明ですが、よく似たいい伝えは、日本各地に古くからあります。

Chapter 3

月と地球の関係

地球照って何？

27 月と地球の関係

　細い月を見ると、太陽に照らされていない部分もぼんやり光っているのがわかります。これが地球照です。西洋では昔から「新しい月に抱かれた古い月」（the old moon in the new moon's arms）といわれています。地球照は、地球の照り返しが月の夜の部分に当たったものです。

　新月のときの地球は、月から見るとまん丸の「満地球」になっています。「満地球」の大きさは満月の4倍、面積にすると16倍もあります。

　満月と満地球は、明るさでも大きな違いがあります。月は明るいようですが、反射率は平均すると10％しかありません。つまり入ってきた光の10％しか反射しないのです。10％といえば石炭程度の黒さです。月はずいぶん黒いのです。

　一方、地球の反射率は20％から30％程度です。反射率が変わるのは雲や雪の占める面積などが変わるからです。地球の平均反射率を30％とすると、反射率は月の3倍ということになります。面積が16倍で反射率が3倍ですから3×16＝48で、満地球は満月の約50倍も明るいことになります。この光が月を照らし、地球照になります。

　地球照がもっとも明るくなるのは新月のときですが、これは見ることができません。またあまり月が細いときも、空が暗くなる前に月が沈んでしまうので、地球照をよく見ることはできません。三日月のころが、地球照の一番見やすい時期です。さらに月が太っていくと地球照は見にくくなりますが、双眼鏡や望遠鏡を使うと上弦のころまで地球照を見ることができます。

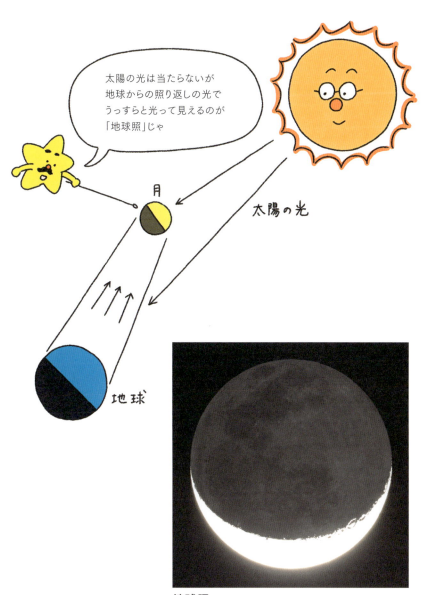

地球照

月と地球の関係

月から地球を眺めてみよう

　将来、月旅行に気軽に行けるようになり、月面ホテルから地球を眺めることを想像してみましょう。

　月から見る地球は、地球から見る月の4倍の大きさ、面積は16倍もあるので、見応えがあります。肉眼でも6つの大陸はもちろんのこと、本州や北海道まで見えるはずです。

　月では、地球はいつも空のほとんど同じ場所に見えます。2008年、日本の月周回衛星「かぐや」が月の地平線からの地球の出を撮影して話題になりました。しかし、これは軌道上を周回する衛星の動きによって生じる地球の出をとらえたもので、月面では地球の出、地球の入りを見ることはできません。

　月から見る地球も、約1ヵ月で満ち欠けをします（といっても月の1日ですが）。満月ならぬ満地球もいいけれど、三日地球なども風情があるでしょう。

　地球から見る月はいつも同じ面を向けていますが、月から見る地球は24時間でぐるぐると回って見えます。日本が見えた4時間後にはインドが、8時間後にはヨーロッパとアフリカが、14時間後には南北アメリカが見えるので、居ながらにして世界旅行が楽しめます。雲の織りなすさまざまな模様も見飽きないでしょう。

　そんな地球を双眼鏡で眺めれば、エベレストやアマゾン川はもちろんのこと富士山や利根川だって見えるはずです。富士山に初雪が降ったとか、信州の紅葉が見ごろになったとか、九州は台風に襲われてたいへんそうだとか、いろいろなことがわかります。東京、上海、ニューヨークなどの大都市の夜景もきれいでしょう。月世界から、地球のすばらしさをますます実感できるでしょう。

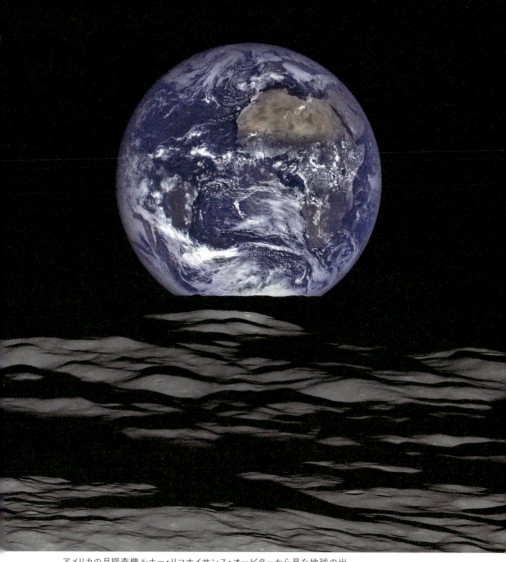

アメリカの月探査機ルナー・リコナイサンス・オービターから見た地球の出
（画像：NASA/Goddard/Arizona State University）

月の出もいいけど
地球の出も
すごいキレイだな〜

29

月と地球の関係

日食とは？

　日食は、月の後ろに太陽が隠される現象です。地球から見ると太陽と月の見かけの大きさはほぼ一致するため、美しい皆既日食が見られます。日食では、太陽からの光がすべて隠されてしまう地球上の領域を本影、一部が隠される領域を半影といいます。本影では皆既日食、半影では部分日食が見られます。

　月は楕円軌道を回っているため、地球から見るとその大きさは14％変わります（太陽の大きさは3％しか変わりません）。このため、月が地球に近いところで日食が起こると、太陽がすべて月に隠される皆既日食、遠いところで起こると月が太陽を隠しきれず、外側がリング状にはみ出す金環日食になります。金環日食では、食の最大のときでも光球全部は隠されないので、晴れているのに少し暗いなと感じる程度です。

　皆既日食では、太陽のもっとも明るい光球が隠されるので、太陽の大気であるコロナが放射状に広がるのが見られます。地上はコロナに照らされて、満月の夜ぐらいの明るさに（暗く）なります。皆既日食の最初と最後には月の縁の凹凸の一部から光球の光が漏れて、ダイヤモンドリングという現象が見られます。皆既日食が見られる理論上の最大時間は7分40秒です。

　皆既日食では、月が地球上に投じる本影の大きさが最大で270kmで、本影が移動する帯状の地域でしか皆既日食は見られません。

　100年間では、部分日食84回、金環日食77回、皆既日食66回、金環から皆既に変わる金環皆既日食11回が世界のどこかで起こります。

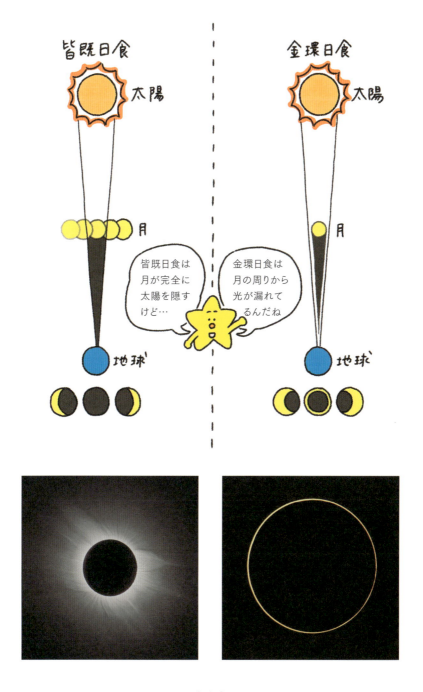

月と地球の関係

日本で起きた日食とこれから起こる日食

　皆既日食は、帯状の狭い地域でしか見られません。このため、移動せずに住んでいる場所で皆既日食が見られるのは、350年に1回といわれています。日本全国に範囲を広げても、100年に数回しか皆既日食は起こりません。

　日本で最後に皆既日食が起こったのは、2009年7月22日です。この日食は皆既の継続時間が6分以上ありましたが、日本国内での皆既帯は、屋久島南部〜トカラ列島〜奄美大島北部を通る南北250kmの海が大半を占める地域で行きにくく、せっかく行った人たちも悪天に見舞われ、残念な結果に終わりました。

　2012年5月21日朝には、南九州から関東を横断する金環日食がありました。全国的に曇りがちの天気でしたが、私は東京の自宅屋上で雲の切れ間から金環日食を見ることができました。

　次に日本で皆既日食が起こるのは、2035年9月2日です。この日食の皆既帯は中国西部タクラマカン砂漠から始まり、日本を通り、ハワイ南方で終わります。

　日本での皆既帯は能登半島から始まって、富山、新潟、長野、群馬、栃木、茨城県と本州中央部を横断します。皆既の時刻は午前10時過ぎ、太陽高度は53〜55度、皆既の最大継続時間は2分54秒です。

　東京からわずか50km北に移動するだけで皆既日食が見られる夢のような機会です。本州の大部分でも太陽の直径の90%以上が欠ける部分日食となります。好天に恵まれることを祈りましょう。

※このページでの日付は日本時です。

日本で見られる（見られた）皆既日食と金環日食

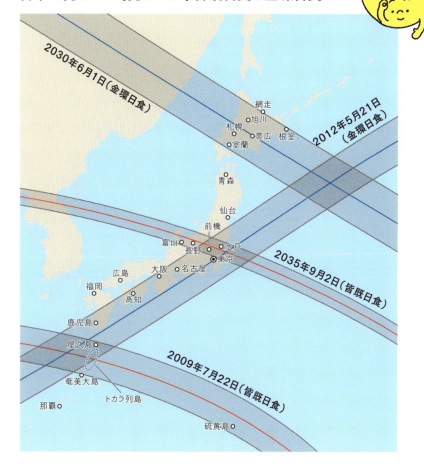

31

月と地球の関係

日食の周期性
～サロス周期

　日食が起きるのは黄道と白道の交点（p.60 参照）付近に太陽と月がある場合です。この交点に月にもどってくる周期は 27.21221 日で、交点月とよばれています。黄道と白道の交点で再び新月になれば日食が起きます。

　新月から新月までの周期は朔望月で 29.530589 日、交点月は 27.21221 日で、それぞれの適当な倍数が一致すれば、ふたたび日食が起こるはずです。調べてみると右のように 242 交点月は 223 朔望月に

交点月	27.212211日 × 242 ＝ 6585.357日 ＝ 18年11.357日
朔望月	29.530589日 × 223 ＝ 6585.321日 ＝ 18年11.321日
近点月	27.554550日 × 239 ＝ 6585.537日 ＝ 18年11.537日

ほぼ等しく6585.3日（18年11.3日）で、実際に18年11日ごとに日食が起こっています。この周期はサロス周期とよばれています。

　サロス周期ごとに、月と地球の距離が違えば、皆既日食だったり金環日食だったりするはずですが、サロス周期は239近点月（きんてんげつ）（p.44参照）にも近いため、18年11日ごと同じサロス周期で起きる日食は、表を見ればわかるように、皆既日食あるいは金環日食のみのどちらかとなり、継続時間もよく似た日食になります。

　サロス周期には0.3日の端数があるので、日食の起こる場所は120度西にずれた場所で起こり、4サロス後にはほぼ同じ経度にもどります。サロス周期は降交点と朔望月の差が0.04日しかないため800周期（約2万3000年）も周期性が持続します。紀元前3世紀ごろのギリシャではすでに日食予報にサロス周期が使われていたのには驚かされます。

サロス番号145 皆既日食	サロス番号136 皆既日食	サロス番号128 金環日食
1999年8月11日　（2分23秒）	1991年7月11日　（6分53秒）	1994年5月10日　（6分13秒）
2017年8月21日　（2分42秒）	2009年7月22日　（6分39秒）	2012年5月20日　（5分42秒）
2035年9月2日　（2分54秒）	2027年8月2日　（6分30秒）	2030年6月1日　（5分18秒）

※かっこ内は最大継続時間

※このページでの日付は世界時です。

月と地球の関係

月食とは？

　月食は、地球の影に月が隠される現象です。満月のときならいつでも起こりそうですが、実際には、月は地球の影の北や南を通り過ぎてしまうので、月食になるのはまれです。

　本影に月全体が入ってしまうのが皆既月食、本影に月の一部だけが入るのが部分月食です。地球には大気があって太陽光が回り込むため、本影でも真っ暗ではありません。このため、皆既月食でも月がまったく見えなくなってしまうことはなく、赤銅色に見えるのがふつうです。しかし、月食の直前に火山の大噴火があると、月がどこにあるかわからなくなるほど暗くなることもあります。

　地球の半影に月が入るのが半影月食ですが、半影月食では満月の光量がわずかに減る程度なので、よほど注意していないと気付きません。

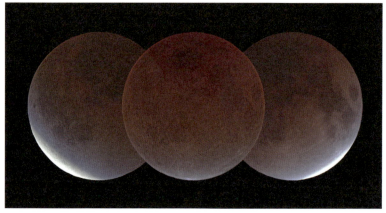

皆既月食（多重露出）

地球の本影は大きいので、皆既月食の時間は最大で1時間40分、前後の部分月食を含めると最大で3時間40分にもなります。皆既月食は1年に1回程度起こります。月が見えている場所ならば世界中のどこでも見ることができるので、皆既日食にくらべると見る機会ははるかに多いといえます。

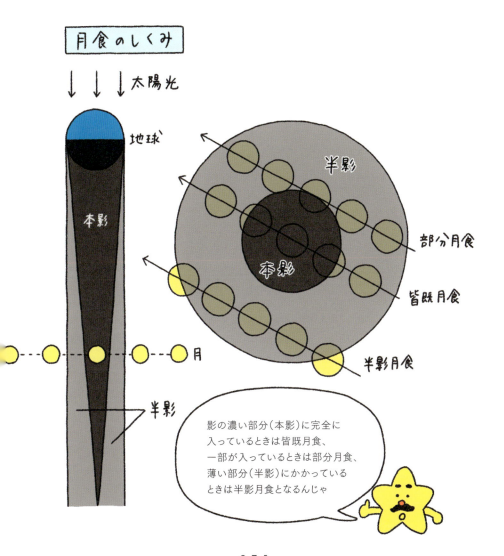

月と地球の関係

月の首振り運動

　月は地球にいつも同じ面を向けているといわれていますが、正確には前後・左右に少し首振り運動をします。この運動を「秤動」といいます。秤動には、以下の3種類があります。3つの秤動の効果が合わさって、地球からは月の全表面の59％を見ることができます。

1. 日周秤動
　私たちは地球の表面に住んでいるので、月の出と月の入りでは月を見る角度が異なります。この角度の違いは赤道地域で最大となり、約1度です。

2. 緯度の秤動
　月の赤道面は月の公転軌道面に対して6.7度（≒ 5.15度＋ 1.5度）傾いています（p.58参照）。このため地球を回る間に、月の北極地方がよく見えたり、南極地方がよく見えたりします。この秤動を「緯度の秤動」といい、最大で月の南北が6.7度ずつ余分に見えます。

3. 経度の秤動
　月は楕円軌道を公転し、地球に近いときは速く、地球から遠いときはゆっくりと動いています。一方、月の自転速度は一定なので、近地点から遠地点に向かうときは月の東側がよく見え、遠地点から近地点に向かうときは月の西側がよく見えます。この秤動を「経度の秤動」といい、最大で月の東西が8度ずつ余分に見えます。

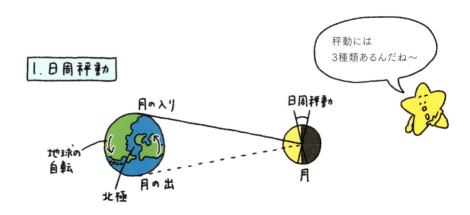
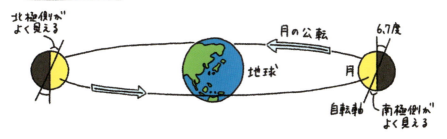
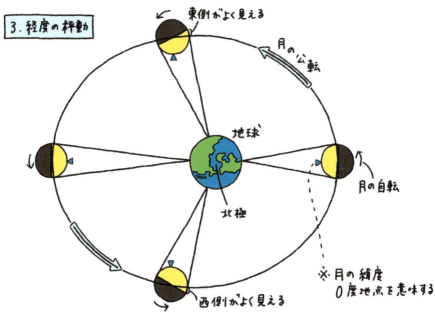

34

月と地球の関係

潮汐力を起こすのは
だれ？

　日本は海に囲まれているので、潮の満ち干を知らない人はいないでしょう。潮が引いたときが干潮、満ちたときが満潮です。潮の満ち干を引き起こす力を潮汐力といいます。

　潮汐力を起こす最大の立役者は、月の引力です。ちょっと考えると、月の引力が月に近い側の方が強いので、海水の形は右ページのAのようになりそうですが、実際には地球と月の共通重心の回る遠心力が加わってBのようになります。

　地球の表面におよぼす月の引力は、地球自身の引力のわずか10万分の1にすぎません。しかし月の潮汐力は、時間とともに地球の異なる場所に作用するために、私たちの生活に大きな影響を与えるのです。

　潮汐力を起こす2番目の原因は、太陽の引力です。太陽は巨大な質量がありますが、距離が遠いために、太陽の起こす潮汐力は月の潮汐力の46％にすぎません。

　月と太陽の潮汐力が重なって干潮と満潮の差が大きいときを大潮、月と太陽の潮汐力が互いに打ち消すようになって差が小さいときを小潮、その間の期間を中潮といいます。

　月の潮汐力がもっとも大きいため、月が南中してから再び南中する24時間50分の間に、2回の満潮と2回の干潮が起こります。

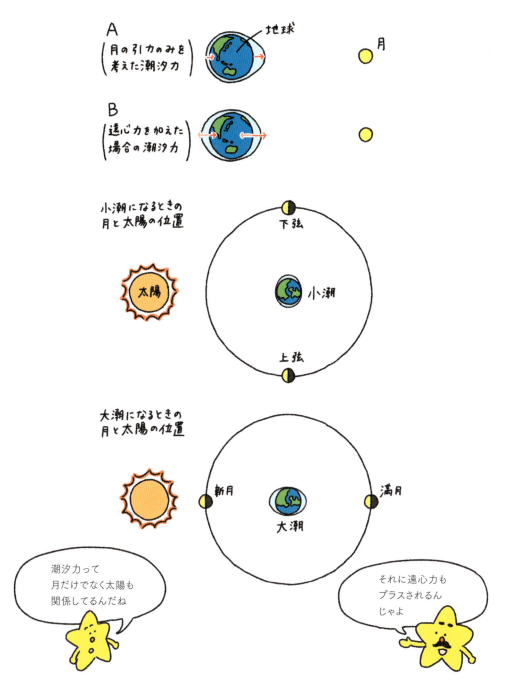

35 月と地球の関係

潮の満ち干

　前ページでは、潮の満ち干を起こすおもな原因が月であることを説明しました。このことから、月が南中したときとその約12時間後に満潮となると予想できますが、実際にはどのようになるでしょうか？

　右図は2017年9月20～21日の東京の晴海での潮位です。9月20日14時30分が新月で、月の南中時刻は11時33分です。ですから11時30分ごろに満潮になると予想されますが、実際の満潮は17時ごろと、約5時間半の遅れがあります。この遅れは、長崎の大浦では約9時間、新潟の佐渡では2時間半となります。このように遅れるのは、膨大な海水が月の引力を受けて反応するまでに時間がかかるからです。

　この日は大潮ですが、満潮と干潮の潮位の差、潮差は東京晴海では160cm、長崎大浦では500cm、新潟佐渡では22cmと大きく違っています。同じ月の引力を受けながら潮差が違ってくるのは、陸の分布や海の地形などによるためです。

　潮の満ち干は、このように地域差や季節差があります。潮の満ち干の予想は、気象庁や海上保安庁のホームページで調べることができます。

月の動きからわかること
○満潮と干潮は1日にほぼ2回ずつ起こる
○大潮は新月と満月の前後数日に起こる
○小潮は上弦と下弦の前後数日に起こる

月の動きだけではわからないこと
○満潮時刻：月の南中時刻から数時間以上も遅れることがある
○満潮・干潮の潮位：1日2回の満潮・干潮で、潮位が大きく異なることがある

新月前後の潮位の例

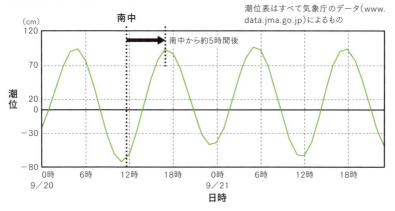

潮位表はすべて気象庁のデータ（www.data.jma.go.jp）によるもの

36

月と地球の関係

潮干狩りの
シーズンはいつ？

　1ヵ月間の潮の満ち干を見てみましょう。図Aは東京の晴海のもので、満月（○）と新月（●）のときには大潮、上弦（◑）と下弦（◐）のときには小潮になっており、月の満ち欠けによく合っていることがわかります。

　もう少し細かく見てみましょう。図BとCは東京の春（4〜5月）と秋（10月）のそれぞれ下弦から上弦までの潮の満ち干です。両者の潮の満ち干のカーブはよく似ており、24時間50分ごとに干潮と満潮が2回ずつあることがわかります。しかし隣接する干潮の潮位は大きな差があります。とくに上弦や下弦付近では、24時間50分の間に干潮1回満潮1回といってもいいほどです。4月の大潮では、正午ごろの大潮の引きが大きく、深夜の大潮の引きが小さいことがわかります。

　このようになる理由は、地球の公転軌道面が地球の赤道面に対して23.5度傾いていること、さらに月の公転軌道面が地球の公転軌道面に対して5.15度傾いているためです。

　右下のイラストは夏至ごろの大潮の様子で、1日2回の満潮で潮位が違う原因がわかります。満潮から6時間後の日本が正面を向いたときと、反対側になるときの1日2回に干潮になりますが、1日2回の潮位は同じになります。一方、春分・秋分ごろは同じ場所では正午と真夜中の1日2回の満潮で潮位が同じになり、1日2回の干潮で潮位が違います。

　実際の潮位には遅れがあり、日本の太平洋側では春の大潮の正午ごろに引きの大きな干潮となります。春は潮間帯の貝の活動が活発な季節でもあるので、潮干狩りに最適なシーズンなのです。

082

A. 1ヵ月間の潮の満ち干の例

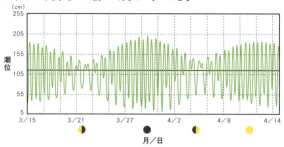

B. 下弦～上弦の潮の満ち干（春）

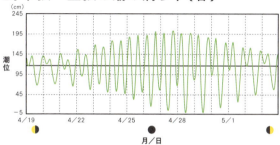

C. 下弦～上弦の潮の満ち干（秋）

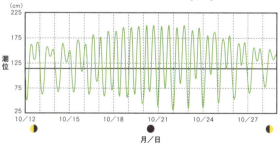

37

月と地球の関係
- - - - - - - - - - - -

月の暦『太陰暦』

　「太陰」とは月のことです。そして「太陰暦」とは月の満ち欠けに合わせた暦のことです。

　古代人にとって、月は日数を数えるのに便利な道具でした。晴れていれば、月はどこからでも見えるので、月の形を見れば新月から何日経ったか日数がわかります。また、すべての人にとって月が同じように見えるということは、共通の基準を持つ、という意味で好都合でした。

　1朔望月（p.10参照）は約29.5日ですから、暦の1ヵ月を29日と30日の組み合わせで作ると、1日は新月、8日は上弦、15日は満月、23日は下弦、というように、日数と月の満ち欠けを合わせることができます。ちなみに1日は「ついたち」と読みますが、これは「月立ち」（月が出発する）が語源となっています。

　しかし問題もあります。1朔望月を12倍すると354日となり、1年の長さの365日よりも11日少ないことです。ですから太陰暦を何十年も使っていると、これのずれが積み重なって、やがて8月に雪が降るようなことになってしまいます。

　このため純粋な太陰暦は、現在はイスラム教の宗教行事で使われる特別な暦ぐらいでしか使われなくなっています。

　「太陰暦」では1日は新月、15日ごろに満月となり、1ヵ月に満月は1回しかありません。しかし私たちが現在使っている「太陽暦」では、1ヵ月に満月が2回あることがあります。これは1朔望月が約29.5日なのに対し、1ヵ月は大部分が30日か31日のためで、月初めに満月だと月末にまた満月になることが多いのです。この2回目の満月をブルームーンとよぶことがあり、平均すると3年に1回起こります。

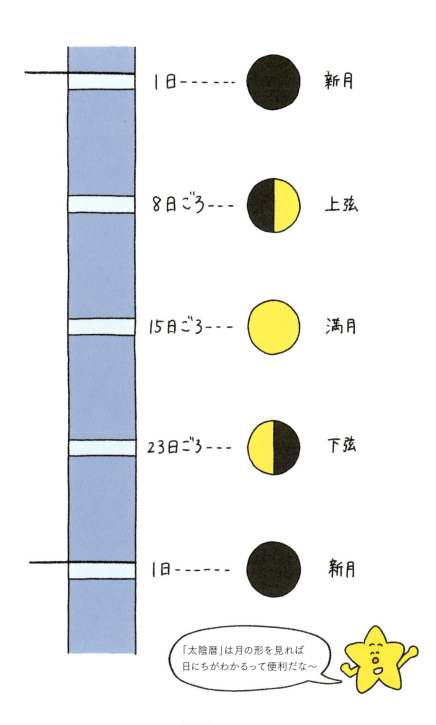

38

月と地球の関係

太陰太陽暦①
〜19年7閏法とは？

　時間がたつと月数と季節がずれてしまうという太陰暦の欠点を直したのが、太陰太陽暦です。

　太陰暦の12ヵ月は1年の長さよりも11日短いために、3年たつと1ヵ月ほど季節とずれてしまいます。このため、約3年に1度、1ヵ月を余分に入れると季節とのずれをほぼ解消できます。このように余分に入れる月を閏月といい、閏月を入れて太陰暦の欠点を直した暦を太陰太陽暦といいます。

　しかし、上の方法ではまだ3年で約3日のずれが生じてしまいます。このずれをなるべく少なくしたのが19年7閏法です。正確には1太陽年は365.24219日、1朔望月は29.53059日です。19年の日数は6939.60日、いっぽう235朔望月の日数は6939.69日ですから、その差はわずかに0.09日です。つまり19年間に閏月を7回入れれば220年で1日季節が早くなるだけの正確な暦が作れます。この19年7閏法はギリシャで発見され、中国で広く用いられました。

　太陰太陽暦でもほぼ1日は新月、8日は上弦、15日は満月、23日は下弦であることは変わりありません。世界の多くの国々で太陰太陽暦は作られましたが、多くの場合、新月（朔）になる日を1日としています。

　この大きな理由の一つは、新月の1日に日食が起きるからです。予報どおり1日にきちんと日食が起これば、為政者は民衆の信頼を得ることができます。しかし、それが30日や2日に起きてしまったら、為政者の面目は丸潰れになります。太陰太陽暦は、日本でも明治5年（1872年）まで使われていたので、一般には旧暦ともいいます。なお、今では太陰太陽暦を公式に使っている国はありません。

086

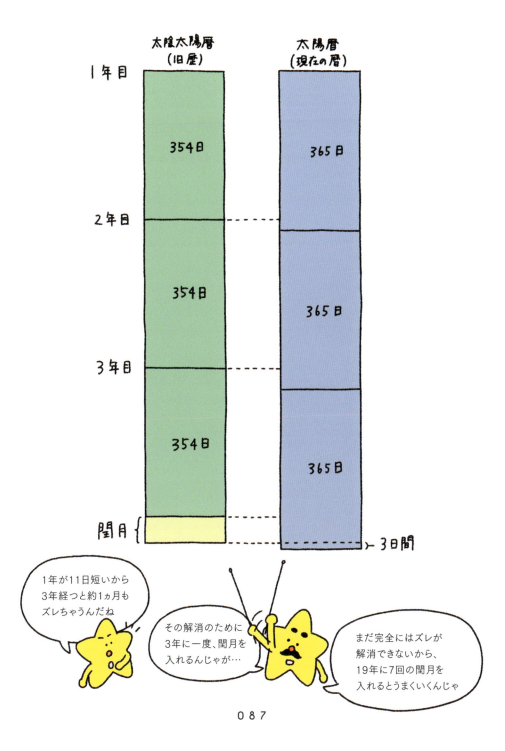

月と地球の関係

太陰太陽暦②
〜閏月を入れるタイミング

　太陰太陽暦では、どのようなタイミングで閏月を入れるかによって、さまざまな暦が生まれます。

　日本では、6世紀半ばから中国から伝わった太陰太陽暦が使われていましたが、江戸時代には日本独自の太陰太陽暦が使われるようになりました。ここでは江戸末期の1844年から1872年まで使われた、もっとも完成された太陰太陽暦といわれた「天保暦」について説明します。

　まず月の第1日目は、実際に新月になる日を選びます。1朔望月は正確には29.53…日ですから、29日の月と30日の月を交互に繰り返すだけでは余分がでてしまいます。このため、ときどき30日の月が続くことがあります。

　次は月の名前です。月は、春分・夏至・秋分・冬至が基本となり、それを含む月をそれぞれ2月・5月・8月・11月とします。1月・2月・3月が春、4月・5月・6月が夏、7月・8月・9月が秋、10月・11月・12月が冬となるので、今の暦とくらべると同じ月の名でも季節が1ヵ月ほど早くなる感覚です。

　中気（p.90参照）の間隔は30.44…日で、1朔望月の29.53…日よりも長いので、中気を含まない月ができます。この中気を含まない月を閏月として入れます。たとえば5月と6月の間の閏月であれば、閏5月といいます。閏月のある年は、1年が13ヵ月になります。

　現在でもカレンダーに掲載されている旧暦の日付は、この方法によって計算されたものです。

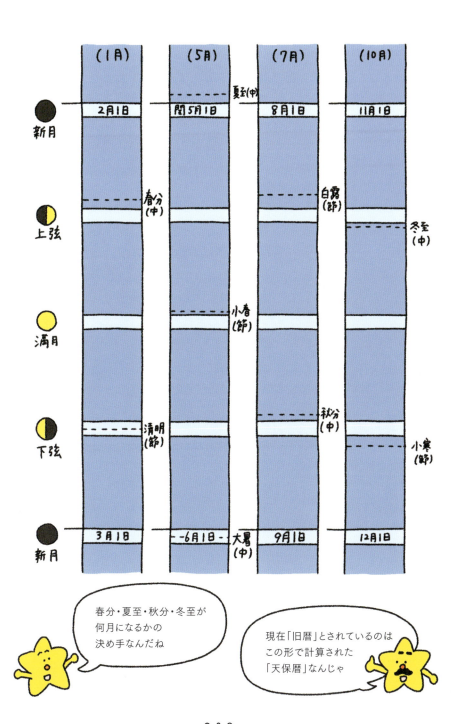

月と地球の関係

二十四節気の意味

　太陰太陽暦では、月の形を見るだけでおよその日付を知ることができて便利ですが、欠点は実際の季節と最大で20日以上もずれてしまうことです。これを補うために、書き加えられたのが二十四節気です。

　二十四節気は、春分から測った太陽の位置(黄経)によって右ページのように決められています。春分から次の春分までを12等分した点を「中気」、「中気」と「中気」の間を等分した点を「節気」といいます。12の「中気」と12の「節気」を合わせて二十四節気といいます。二十四節気は、中国の黄河中・下流の農業活動で培われた経験から生まれたものです。

　太陽暦が使われるようになった現在でも、二十四節気は季節感をあざやかに表現した言葉として、私たちの生活の中に生きています。

雨水(うすい)	雪に代わって雨が降る
清明(せいめい)	すべての生き物が生き生きとして、清らかで美しい
啓蟄(けいちつ)	地中で冬眠していた虫たちが姿を現わす
穀雨(こくう)	このころ降る雨はいろいろな穀物をうるおす
小満(しょうまん)	万物が成長して地上に満ちあふれる
芒種(ぼうしゅ)	稲のように芒(のぎ)※のある植物の種をまく
小暑(しょうしょ)	これから本格的な暑さが始まる
大暑(たいしょ)	暑さがきわだって厳しい
処暑(しょしょ)	暑さが収まるころ
白露(はくろ)	秋らしくなり野の草に露(つゆ)が宿るようになる
寒露(かんろ)	露が寒く感じられるころ
霜降(そうこう)	霜が降り始める
小雪(こゆき)	寒くなって雨が雪に変わる
大雪(たいせつ)	雪がいよいよ降り重なる
小寒(しょうかん)	これから寒さが本格的になる
大寒(だいかん)	寒さがきわだって厳しい

※芒:イネ科の植物の花の外殻(がいかく)にある針状突起(しんじょうとっき)

名称		太陽の黄経	現在の日付
立春（りっしゅん）	正月節	315°	2月 4日
雨水（うすい）	正月中	330°	2月19日
啓蟄（けいちつ）	二月節	345°	3月 6日
春分（しゅんぶん）	二月中	0°	3月21日
清明（せいめい）	三月節	15°	4月 5日
穀雨（こくう）	三月中	30°	4月20日
立夏（りっか）	四月節	45°	5月 6日
小満（しょうまん）	四月中	60°	5月21日
芒種（ぼうしゅ）	五月節	75°	6月 6日
夏至（げし）	五月中	90°	6月21日
小暑（しょうしょ）	六月節	105°	7月 7日
大暑（たいしょ）	六月中	120°	7月23日
立秋（りっしゅう）	七月節	135°	8月 8日
処暑（しょしょ）	七月中	150°	8月23日
白露（はくろ）	八月節	165°	9月 8日
秋分（しゅうぶん）	八月中	180°	9月23日
寒露（かんろ）	九月節	195°	10月 8日
霜降（そうこう）	九月中	210°	10月23日
立冬（りっとう）	十月節	225°	11月 7日
小雪（しょうせつ）	十月中	240°	11月22日
大雪（たいせつ）	十一月節	255°	12月 7日
冬至（とうじ）	十一月中	270°	12月22日
小寒（しょうかん）	十二月節	285°	1月 5日
大寒（だいかん）	十二月中	300°	1月20日

中…中気、節…節気
現在の日付は1日程度ずれることがあります

中秋の名月

月と地球の関係

　野原にススキが目立つようになると、だれもが思い出すのは「中秋の名月」でしょう。「中秋」は「仲秋」とも書きます。旧暦8月15日の月を「中秋の名月」とよんでお月さまを鑑賞するのは、唐の時代から行なわれている中国の風習で、日本には9世紀ごろに伝わりました。

　旧暦（太陰太陽暦）では7月を孟秋（孟は初めの意味）、8月を中秋、9月を季秋（季は最後の意味）とし、このうち秋分を含む月を旧暦8月としています。旧暦では新月の日を毎月1日としますから、15日の夜はだいたい満月となるわけです。2017年の中秋は10月4日、2018年は9月24日、2019年は9月13日、2020年は10月1日です。

　日本ではこの日、ススキ、ハギ、オミナエシなどの秋の野草を花瓶に挿し、団子や芋とともに縁側に供えて月見をします。秋の収穫も無事に終わり、自然に対する感謝の気持ちの表われという意味もあります。

　中秋の名月はほぼ真東から昇り、南中したときも高くなく低くなく、ほどよい高度になります。窓を開けていても心地よい季節です。

　ところで中秋の名月は、必ず満月とは限りません。満月は月が太陽の反対側にあるときですが、月は地球に近いときは速く、遠いときはゆっくり回っているなどの理由で、1〜2日遅れることがあります。2017年の中秋の名月は満月の2日前ですから、少し欠けた中秋の名月となります。

　中秋の名月は秋霖（秋の長雨）の季節と重なって、実際には月見ができないことも少なくありません。また秋の収穫期の真っ最中で多忙な時期でもあります。そのため、日本では少しあとの旧暦9月13日に「十三夜」という行事も行なわれています。十三夜は別名「栗名月」・「豆名月」とよばれ、栗や枝豆をお供えする習慣になっています。

きほんミニコラム

月をめぐる物語② 月に住む美女・嫦娥（中国）

　昔、后羿という弓の名人がいました。后羿は太陽を撃ち落とした功績によって、崑崙山脈に住む女神・西王母から不老不死の秘薬を授かり、隠し持っていました。后羿の妻、嫦娥は美しいがずる賢い女で、夫の留守をねらって秘薬を飲んでしまいました。すると身が軽くなって空に浮かび、月に向かって飛んでいきました。月世界に着いた嫦娥は不老不死になり、壮大な宮殿を建てて住み、訪れる人を歓迎していました。

　一方、唐の玄宗皇帝は、月を愛好し、一度でよいから月世界に行きたいと思っていました。1人の仙人が、玄宗の思いをくみ取って、月世界に連れていくことを約束しました。やがて8月15日の夜、仙人が桂の木の枝を月に向かって投げ上げると、枝は銀の階段となって月までつながりました。玄宗はこの階段を昇って月世界に着きました。

　月世界には豪華な宮殿が並んでおり、舞台の上で12人の美女が音楽に合わせて踊っていました。さらに進むと宝石でできた瓦葺きの2階建ての大宮殿があり、その奥の御簾が上がって嫦娥が現われ、にっこりと笑って玄宗を迎えました。この様子に玄宗は唖然とするばかりでした。

　しかし嫦娥は気分屋で、機嫌のいいときにはやってきた人を丁重に出迎えてくれますが、気に入らない人がくると会おうとはせず、宮殿の奥に身を隠し、醜いガマガエルの姿をしていたということです。中国の月の絵にガマガエルの姿が描かれているのは、ガマガエルになった嫦娥だといいます。

Chapter 4

月の科学

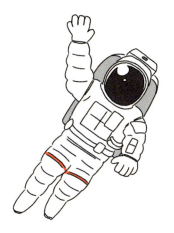

42

月の科学

月はどうやって
生まれたの？

古典的な月形成論

　月は、約 45 億年前に誕生しました。月の代表的な起源説としては、①地球から分離してできたとする分裂説、②太陽系のほかの場所で誕生し地球に捕獲されたとする捕獲説、③地球の周辺で地球とほぼ同時にできたとする兄弟説があります。さらに 1970 年代になると、④火星大の天体が地球に衝突して引きちぎられた破片が月になったとするジャイアント・インパクト説が登場します。

　①の分裂説は、『種の起源』のチャールズ・ダーウィンの息子、ジョージ・ダーウィン（1845 〜 1912）によって提唱された説です。分裂説では、地球が月を分裂させるほど高速で回転していなければなりません。しかし、地球の材料となった小天体（微惑星）が集まっただけでは、分裂させるほど高速で回転させることができません。また現在の地球〜月系の持つ角運動量も、月を分離させるのに必要な量の 2 分の 1 しかありません。

　②の捕獲説は、アポロ計画で持ち帰られた月の石を分析してみると、うまく説明できないことがわかりました。地球と月が、太陽からの距離の違う場所でそれぞれ微惑星が集まってできると、酸素の同位体比が違ってくるのです。ところが月と地球はこの値がよく似ているために、捕獲説では具合が悪いのです。

　一方、地球と月のマントルをくらべると、月には揮発性元素の K（カリウム）・Rb（ルビジウム）・Cd（カドウミウム）・Pb（鉛）・Tl（タリウム）・Bi（ビスマス）が極端に少ないことがわかりました。このことは月の材料が高温にさらされたことを示しており、ほぼ同じ場所でできたとする③の兄弟説でもうまく説明できません。

ジャイアント・インパクト説の登場

　上記の①〜③の月形成論(つきけいせいろん)の欠点(こくふく)を克服するために登場したのがジャイアント・インパクト説で、1970年代半ばにアリゾナ大学のハートマンらによって提唱されました。この説では、できたばかりの地球に火星サイズ(地球質量の10分の1程度)の天体が斜めに衝突します。衝突するとたくさんの溶けた状態の破片が飛び散るだけではなく、衝突の加熱によって蒸発したガスも地球の周りを回るようになります。

①分裂説

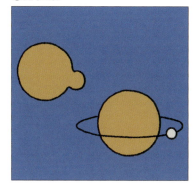

地球内部から月が生まれた、という説

②捕獲説

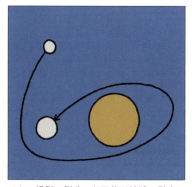

ほかの場所で誕生した天体が地球の引力でつかまえられた、という説

③兄弟説

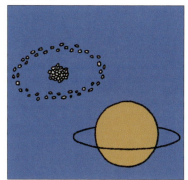

地球の近くでほぼ同時にできた、という説

④ジャイアント・インパクト説

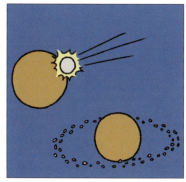

地球に巨大な天体が衝突し、飛び散った破片やガスからできた、という説

43

月の科学

月は1ヵ月で作られた!?

スーパーコンピューターによるシミュレーション

　溶けた破片やガスはやがて冷え固まり、固体粒子となって円盤状に地球の周りを回るようになります。固体粒子はたがいに衝突合体して月になります。固体粒子の振る舞いについては、1995年ごろから東京工業大学のグループによって精力的に研究が進められました。何千もある粒子が互いに重力で相互作用する振る舞いを、特別に設計されたスーパーコンピューターに計算させたのです。

　スーパーコンピューターに計算させるのには、いくつかの初期条件を入れることが必要です。右ページの図では、衝突して地球の周りを回り始めた円盤の総質量を、現在の月質量の4倍、円盤の半径をロッシュ限界（潮汐力を受けても破壊しない最小の軌道半径）としてあります。この計算では、ロッシュ限界外に運ばれた粒子が次々と合体して、いくつもの塊になり、その塊がさらに合体して1つの大きな月の種になります。月の種はロッシュ限界のすぐ外側に居座り続け、内側から運ばれてくる粒子を独占的に集めながら成長します。

　このようにして、月は衝突から1ヵ月後に現在とほぼ同じ大きさになります。月は、たった1ヵ月でできたのです。月ができたのは地球の直径の2倍の場所で、現在の月までの距離の16分の1しかありませんでした。つまり、地球から見ると今よりも16倍も大きな月が空に浮かんでいたことになります。

衝突から1日後

衝突で飛び散った物質の多くはふたたび地球に落下するが、残りの物質は地球を取り巻く円盤状になって回転する。

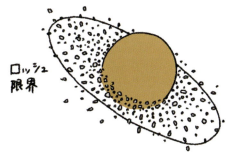

衝突から2日後

岩石は互いに衝突するが、地球の中心から地球半径の1.5倍のロッシュ限界の内側では、岩石は合体することができない。円盤の中には、渦巻状のむらができる。

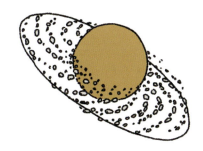

衝突から2週間後

渦巻状のむらが重力に振り回されてロッシュ限界の外側に達すると、塊となる。この塊が種となって内側からやってくる岩石をどんどん飲み込むように合体する。

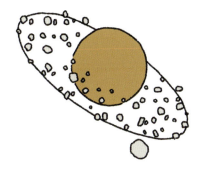

衝突から1ヵ月後

1つの塊だけが独占的に大きくなり、1つの大きな月となる。急速に成長したために、月の表面はマグマの海（マグマオーシャン、p.102参照）に覆われていたと推定される。

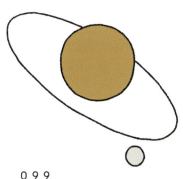

44 月の科学

月はどんどん
離れている？

　地球のすぐそばに誕生した月はしだいに遠ざかり、現在は地球の直径の 30 倍の位置にいます。原因になったのは、地球と月の潮汐力です。地球上ではおもに月の潮汐力を受けて潮の満ち干が起こりますが、大量の海水が潮汐力に反応するには時間がかかります。地球は自転しているので、ラグビーボール状に盛り上がった海水面の長軸は地球と月を結ぶ線から外れてしまいます。この盛り上がった部分が月を振り回し、月の軌道を少しずつ大きくするため、現在、月は毎年 3cm ずつ地球から遠ざかっており、100 億年後には地球の直径の 43 倍の位置まで離れます。

　潮汐の変化は 24 時間 50 分周期ですが、地球の自転は 24 時間ですから、ゆっくり回る海水の中を地球が速く自転していることになります。このために、地球の固体部分と海水の間に摩擦が働き、この摩擦がブレーキとなって地球の自転速度は遅くなります。

　数億年前の 1 日の長さは、サンゴなどの化石に残っている 1 日周期の「日輪」と 1 年周期の「年輪」をくらべることによって推定することができます。4 億年前のサンゴ化石で調べると 1 年が 430 日であったことがわかりました。1 年の長さは変わりませんから 1 日が 20 時間ということになり、地球が今よりも速く自転していたことになります。10 億年後には 1 日が 31 時間になります。

　話を地球ができて間もないころにもどしましょう。地球表面に働く起潮力は、地球〜月間の距離を R とすると $(1/R)^3$ に比例します。距離が 2 分の 1 で潮汐力は 8 倍、4 分の 1 で 64 倍になります。40 億年前すでに地球には海洋があり、地球のすぐ近くを回る月によって潮汐力は現在の 100 倍以上も強かったのです。干満の差は数百 m はあったはずで、当時の海岸の地形は、現在とはまったく違っていたはずです。

100

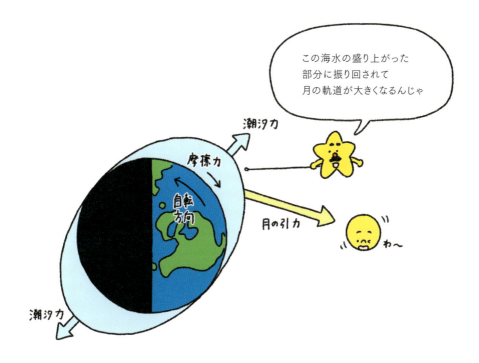

もし月がなかったら？

　火星大の天体が地球に衝突しなければ、月はなかったことになります。隣の金星を見れば、地球も月を持たなかった可能性が充分にあることがわかるでしょう。もし月がなかったならば、潮の満ち干の主役である月がいなくなるのですから、日ごとの干満の差は小さくなり、約2週間ごとにくり返す大潮と小潮はなくなります。

　陸上植物や陸上動物が出現するのは5億年前、古生代の初めです。彼らは勇気を持って陸上に進出したわけではなく、たまたま潮間帯にいたとき、大きな干潮となって上陸させられたのでしょう。大半の生物は過酷な陸上環境に合わずに死滅しましたが、たまたまうまく適合したものが、私たちの祖先として歩み出したと思われます。

45 誕生直後のマグマオーシャン

月の科学

　ジャイアント・インパクトで飛び散った溶けた破片やガスは冷え固まり、無数の固体粒子となります。無数の固体粒子が約1ヵ月間に衝突・集積して、月ができます。衝突によって発生する熱によって、月の表層部は厚さ300km以上にわたってどろどろに融けます。これがマグマオーシャンです。

　マグマオーシャンは冷えるにしたがって、マグマからさまざまな鉱物が結晶します。最初に結晶するのはかんらん石で、かんらん石は周囲のマグマよりも重いので沈みます。次に結晶するのは輝石で、輝石も周囲のマグマよりも重いので、かんらん石とともに沈みます。このころになると斜長石が結晶を始めますが、斜長石は周囲のマグマよりも軽いので、マグマの海に浮かんで表面を覆うようになります。このときはまだ小天

月の高地のでき方

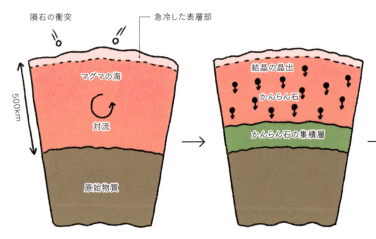

体の衝突が激しかったので、衝突によって壊された斜長石層の間から灼熱のマグマが見えていたかもしれません。

さらにマグマの温度が下がると斜長石が浮上する一方で、チタン鉄鉱の結晶は沈み、最後に残ったマグマもやがて固結します。最後に残って固まったマグマは、いろいろな鉱物が抜けた残留物なので、最初のマグマとは大きく異なります。

このようにして月表層部に厚さ数100kmの層状構造ができたのは、月ができてから2億年後のことです。月の高地は、おもに斜長石からなる岩石（斜長岩）でできた平原で、その後、小天体の衝突によって多数のクレーターに覆われた地域になっています。

月の内部構造はアポロによって運ばれた地震計によって調べられました。それによると深さ約60km以深では地震波が急に速くなることがわかりました。この変化の様子は地球の地殻／マントル境界での地震波の変化によく似ているので、月でもこの境界の上下の層をそれぞれ「月の地殻」、「月のマントル」とよんでいます。月の地殻はおもに斜長岩からできていると考えられています。

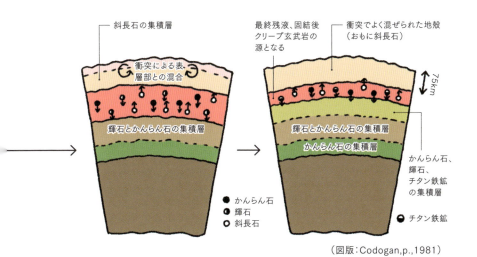

（図版：Codogan, p., 1981）

46

月の科学

巨大隕石が降り注いだ
40〜38億年前

　月には直径300kmを超える巨大クレーターがあり、ベイスンとよばれています。月が誕生してからしばらくの間は、月や惑星になれなかった直径数kmの小天体（微惑星）が数多く残っていました。その中でも直径数10km以上のとくに大きな天体が衝突してできたのがベイスンです。

　月の海には円形のものが多くありますが、円形の海はベイスンの中に玄武岩の溶岩がたまったものです。雨の海のベイスンができたのは38.5億年前、神酒の海のベイスンは39.2億年前で、このようにベイスンの大部分は38〜40億年前の2億年間の衝突によってできたと推定されます。

　それ以後は、コペルニクスやティコなどの直径100kmクラスのクレーターが数億年ごとにできていたに過ぎません。月の誕生直後は多数の衝突があったと思われますが、マグマオーシャンが冷え固まった44億年前以後から40億年前には、激しい衝突のあった証拠はありません。このことから、38〜40億年前のこの期間を「重爆撃の時代」とよんでいます。

　何が重爆撃の時代を引き起こしたのでしょうか？　月ができた当時の木星と土星は今よりも内側にあり、ゆっくりと外側に移動する際に木星と土星の軌道が共鳴する位置になり、小惑星帯の小惑星を弾き飛ばして月を爆撃させたという説が有力です。

　重爆撃の時代には月ばかりではなく、地球も重爆撃を受けました。地球は月よりも大きく引力も強いので、より多くの衝突があったはずです。直径1000kmほどの巨大ベイスンを作る衝突が数百万年ごとにあったことでしょう。6500万年前、白亜紀末に恐竜を絶滅させたクレーター

の直径は200kmですから、直径でいうと5倍、衝突エネルギーは100倍以上の超巨大衝突です。海水は沸騰してその大半は蒸発し、水蒸気の大気が厚く覆い、しばらくするとまた冷えるという大激変が続いたに違いありません。

　地球上で知られている最古の生命痕跡は、35億年前のものです。重爆撃の時代が終わり、ようやく安定した環境で生命が誕生し、進化を始めたのです。

38億年前の月
（画像：Davis, Donald E./Library of Congress, Geography and Map Division.）

47

月の科学

火山活動が活発だった
38〜30億年前

　44億年前ごろにマグマオーシャンが冷えて固まったあと、月のマントルは大部分が固体でした。その後、マントルからマグマを発生させる熱源となったのは、U（ウラン）・Th（トリウム）・K（カリウム）などの放射性元素の崩壊熱です。これによって、玄武岩質の火山活動が約40億年前から始まるのです。

　最初に融けたのは、これらの放射性元素が豊富に含まれていたマグマオーシャンの最終残液が固まった層でした（p.102参照）。しかし、融けたのはこの層全体ではなく、この層の融けやすい成分だけが融けて上昇し、月面に噴出しました。部分的に融ける層はしだいに深くなり、組成の異なる玄武岩が月面に噴出することになります。

　このような火山活動があったのに、なぜ月には富士山のような美しい円錐形をした火山もなければ、火星のオリンポス山のように巨大な盾状火山がないのでしょうか。理由は、噴出した溶岩が高温で粘り気が少なく、水飴のようにさらさらと流れて平原になったためだと考えられています。この平原が「海」とよばれている暗くて平らな場所です。月の火山活動は「山」ではなく「海」を作ったのです。

　1つの噴出口から繰り返し溶岩を少しずつ流すと盾状火山ができます。このようにしてできた大規模なものがハワイのマウナロアや火星のオリンパス山のような大型盾状火山で、小規模なものがアイスランドなどでみられる小型盾状火山です。月にも小型盾状火山はあり、ドームとよばれています（p.140参照）。

　月の火山活動は「重爆撃の時代」が終わった直後の38億年前がピークで、約30億年前におもな活動時期は終わりました。クレーター密度による年代法によると最後の火山活動は10億年前に終わったと推定さ

れます。

　30億年前からは数億年に1度ずつ直径50km以上のクレーターを作る衝突があり、ラングレヌス、コペルニクス、ティコのようなクレーターが作られ、現在に見られるような月面になったと考えられます。

30億年前の月
（画像：Davis, Donald E./Library of Congress, Geography and Map Division.）

48

月の科学

月からやってきた
月隕石

南極隕石とは

これまでに、世界中で約4万6000個の隕石が発見されています。その68％は南極で発見されたもので、南極隕石とよばれています。南極で隕石が多数発見されているのは、隕石が発見しやすいからです。白い氷河上に溶融皮膜で覆われた黒っぽい石があったら、隕石と思って間違いありません。溶融皮膜とは、地球大気に突入したときの摩擦熱で表面が溶けてできた黒っぽい皮です。

南極で隕石の発見が多い理由はもう一つあります。南極に落下した隕石は、氷河の移動とともに外側に押し出され、山脈の縁などに集積されるからです。このような場所の一つがやまと山脈で、日本は、やまと山脈などから合計約16000個の隕石を採集して、世界中の隕石の約35％を保有する隕石大国です。

隕石の大部分は、火星と木星の間にある小惑星帯にある小惑星からはじき飛ばされて地球に落下したものです。これらの隕石は、太陽系が誕生した45.6億年までにできたもので、太陽系のできた当時を記録した「太陽系の化石」です。

月隕石とは

月にはたくさんのクレーターがありますが、これらのクレーターの大部分は隕石が月面に衝突してできた衝突クレーターです。月面に隕石が衝突したときに、月面の物質が飛び散り、それが地球大気に落下したものが「月隕石」です。つまり「月隕石」は、正真正銘の「月の石」です。

現在120個の月隕石が発見されています。120個といえば全隕石中のわずか0.2％ですから、たいへん貴重な隕石といえます。ではどうし

て月からやってきた隕石だとわかるのでしょうか？

　それは年代、鉱物学的な特徴、化学組成、同位体比などから判定します。月の高地からやってきた「月隕石」は斜長石が多く含む角礫岩のことが多く、月の海からやってきた「月隕石」は玄武岩です。また月の高地からやってきた月隕石の年代は44億〜40億年前、月の海からやってきた月隕石の年代は39億〜29億年前の年代を示します。多くの始原的な隕石は45.6億年前の年代を示すのに対して、月隕石の年代は若いことが特徴です。また月隕石は、宇宙空間に漂っていた時間も2000万年以下と短いのが特徴です。

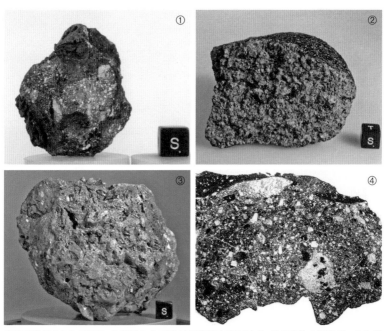

南極で発見された月隕石。角礫岩の中の礫が角礫岩でできており、月の高地の衝突がいかに激しかったかを物語っている。隕石横のサイコロは一辺が1cm。（写真提供：国立極地研究所）
①Yamato-791197（高地の斜長岩質角礫岩）、②Asuka-881757（海の玄武岩）、
③Yamato-86032（高地の斜長岩質角礫岩）、④Yamato-86032の薄片（横幅10mm）

月の科学

月の石は
ダイヤモンドよりも安い？

月隕石の産地？

「名月をとってくれろと泣く子かな」（小林一茶）という俳句がありますが、今やこの悩みもお金で解決できます。というのは、月のかけら（石）は買うことができるからです。といっても、アポロ計画で持ち帰ってこられた月の石が売りに出されているわけではありません。アポロ計画全体にかかった費用は250億ドル（現在の価値に直すと50兆円）、持ち帰った月岩石の質量は382kgですから、単純に計算すると1gあたり1億3000万円という値段が付いてしまいます。しかしもっと安く月の石を手に入れる方法があります。月隕石を買うのです。

隕石、とくに月隕石は高く売れるので、隕石を探して売るプロの隕石ハンターがいます。隕石のたくさん見つかっている南極は、研究者などごく一部の人しか行けないので、プロの隕石ハンターの活躍の場はリビア、モロッコ、オマーンなどの砂漠地域です。

砂漠は草木がないために見通しがよく、雨量が少ないために隕石が風化しにくいためです。とくに砂漠の中にある石灰岩の台地上に転がっている石ころは、石灰岩でなく溶融皮膜があれば、隕石だと思って間違いありません。月隕石かどうかは前ページでのべた方法によって調べます。

最近では、モロッコを中心とする北西アフリカで発見される月隕石が増えています。いままでに発見された月隕石の数は約120個、合計重量は200kgにもなります。アポロの持ち帰った月の石の2分の1の重さの月隕石が、地球上で発見されたことになります。

月隕石の買い方

こうして発見された月隕石は売りに出されます。ホームページで「月

隕石　販売」、「lunar meteorite for sale」と検索すれば月隕石を販売している店がわかります。毎年6月に新宿で開催されている東京国際ミネラルフェアでは、正札の付いた月隕石が見られます。月隕石は大きく見せるためにスライス状で販売されることが多く、1gにつき5万円〜10万円が相場のようです。ダイヤモンドは1カラット（0.2g）で数十万円もしますから、それにくらべれば月の石はずっと安いのです。

　会場にあった小石大の、月の高地からの隕石（重量45g）は190万円でした。このくらいの大きさの月の石を購入したら、たまに出して触ったり、握ったりするとどんなに楽しいだろうと想像してしまいました。なにしろあの月からやってきた石で、地球最古の石よりも古いのですから…。どんな人が買うのかと売店のアメリカ人に尋ねたところ、博物館の展示用や科学者の研究用だということです。

　アポロの持ち帰った月の石は表側の限られた地域のものですが、月隕石はそれ以外の場所からの衝突によって飛び出したものが多数あります。研究者は多少値段が張っても、手に入れる価値は充分あるのです。

　きちんとした販売店の月隕石には「NWA8277」のように名前が付けられているので、インターネットで検索すればその月隕石の由来がわかります。ちょっと奮発すれば、あなたも月の石の持ち主になれるのです。

現在見つかっている大きな月隕石

名称	重量	発見年	産地	岩石のタイプ
NWA 10306	16.5kg	2015年	北西アフリカ	斜長岩
NWA 10495	15.6kg	2015年	北西アフリカ	斜長岩
Kalahari009	13.5kg	1999年	カラハリ、ボツワナ	斜長岩のリゴリス+玄武岩
Northwest Aflica 5000	11.5kg	2007年	モロッコ	斜長岩
Shisr 162	5.5kg	2006年	オマーン	斜長岩（インパクトメルト）

月の隕石は月にあったときに激しい衝突を受けているので、ほとんどが角礫化している。
（ワシントン大学のHP：http://epsc.wustl.edu/admin/resources/meteorites/moon_meteorites_list.html等から作成）

月の科学

月を調べる
～探査機の時代

「私はこの60年代が終わる前に、人類を月に着陸させ、安全に地球に帰還させることをアメリカの目標とすべきであると信ずる」。ケネディ大統領は1961年5月21日の国会で、力強くスピーチをしました。

月に人間を着陸させることは、冷戦状態にあったソ連に対してアメリカの優位性をアピールさせる最高の方法でしたが、危険な賭けでもありました。というのは当時すでにソ連は2機の有人宇宙船を成功させていたのに対し、アメリカは2機の小さな人工衛星の打上げに成功していただけで、ロケットの爆発が続いていたからです。

アメリカは月に人類を送り込むために、レインジャー、サーベイヤー、ルナーオービターという無人月探査機のシリーズと、マーキュリー、ジェミニ、アポロの有人宇宙船のシリーズを計画しました。

レインジャーは月に衝突するタイプの探査機で、衝突するまでにテレビカメラで月の表面がどのようになってきるかを調べました。レインジャーは1961年8月に1号が打ち上げられましたが、地球から脱出できずに失敗、それから3ヵ月ごとに打ち上げられた2〜6号はことごとく失敗し、7〜9号でようやく撮影に成功しました。

サーベイヤーは無人で月に着陸して着陸技術を学ぶとともに、月表面の状態を調べる探査機です。1966年5月に打ち上げられた1号は嵐の大洋に着陸し、5814枚の写真を撮影しました。ソ連は66年1月に月着陸に成功していますから、このころになってようやくソ連に追いついたといえます。サーベイヤーはその後7号まで打ち上げられ、計5機が成功しました。

ルナーオービターは月の周回軌道から人類の月着陸に適した場所を選ぶための探査機で、スパイ衛星の技術が使われました。1966年8月に

1号が打ち上げられ、67年7月の5号まですべて成功しました。

　マーキュリーは1人乗りの宇宙船で、人が宇宙に行く技術を確立するのが目的でした。1961年の5月と7月に打ち上げられた最初の2機は弾道飛行で、飛行時間はたったの15分でした。続く4機は地球周回軌道となり、63年5月に打ち上げられた最後のフェイス7号は34時間19分飛行しました。

　続くジェミニは2人乗りの宇宙船で、アポロが月に行くための技術（ランデブー、ドッキング、宇宙遊泳）の確立が目的でした。3号（1965年3月）から12号（66年11月）まで10機が打ち上げられました。

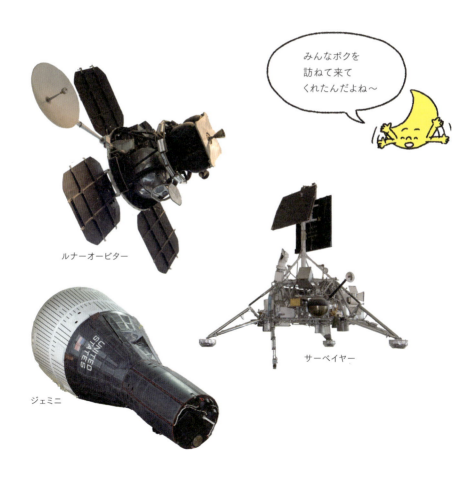

ルナーオービター

サーベイヤー

ジェミニ

みんなボクを訪ねて来てくれたんだよね〜

51　月の科学

人類月に立つ
～アポロ計画

　アポロ宇宙船を月に送り込むためには、サターンV型ロケットが使われました。このロケットはアポロ宇宙船を含めると高さ110m（スペースシャトルの2倍）、直径10m、燃料を含めた重量は2800tと超大型です。3段式のロケットで、使い切った燃料タンクやエンジンをどんどん切り離しながら加速していきます。

　3人乗りのアポロ宇宙船は、月へ向かう途中でサターン5型ロケットの3段目先端部から分離して向きを変え、後方に収められていた月着陸船とドッキングして月周回軌道に入ります。月周回軌道で2人の宇宙飛行士が月着陸船に乗り込み、月に着陸します。

　月面からもどってきた月着陸船は、再びアポロ宇宙船とドッキングし、2人の宇宙飛行士はアポロ宇宙船にもどり、月着陸船を切り離してアポロ宇宙船のみが地球に向かいます。帰還時にはアポロ宇宙船先端部の3人乗りの司令船のみが大気圏に突入し、海に着水します。アポロ計画では、このように使用済みの部分を次々と切り捨てることによって、シス

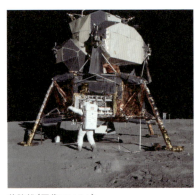

着陸船（画像：NASA）

月面車（画像：NASA）

テム全体の重量を大幅に軽減しました。

　1969年7月20日、アポロ11号は静かの海に着陸します。「ひとりの人間の小さな1歩だが、人類にとっては大きな飛躍である」、月面に降り立ったアームストロング船長の第一声です。この瞬間に人類共通の「月に行きたい」という夢がかなったのです。

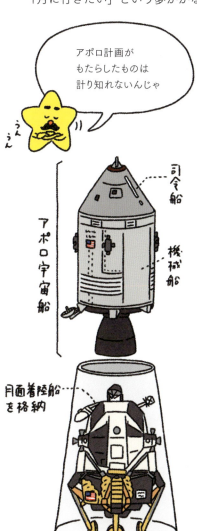

　アポロ13号は燃料タンクの爆発によって月着陸を果たせずに引き返しましたが、残り6機のアポロは月着陸に成功しました。このうち15・16・17号ではそれぞれ月面車を搭載し、合計284kgの岩石を採取し、大きな科学的な成果を上げました。

　1990年から2010年にかけて、アポロ宇宙飛行士の回顧録が相次いで出版されました。当時のNASAの発表では「すべて順調」が多かったのですが、回顧録を読むと、実際には数え切れないほどの困難に出会い、アポロ計画を支えてきた多くの人の情熱と努力によって乗り越えてきたことがわかります。

　ソ連も月への一番乗りを目指していましたが、1966年にロシアの宇宙開発の責任者コロリョフの死によって計画は大きく狂います。月に人を送り込めなかったものの、ソ連は無人月面車やサンプルリターンを実施し、その後の惑星探査に大きな影響を与えました。

115

52

月の科学

アポロのことを
もっと知りたい人へ

●**Michael Light** 『**Full Moon**』新潮社, 1999.

　アポロ計画で撮影された120枚あまりの写真を紹介した大型写真集です。ロケットの打上げ、宇宙遊泳、月軌道への到達と周回、月面着陸、月面活動とアポロの宇宙飛行士を追体験させてくれます。月軌道上からのクレーターだらけの月面、墨のように黒い月面を歩く宇宙飛行士…。すばらしい写真で月がどういう天体かを雄弁に語ってくれます。

●**アンドルー・チェイキン**（亀田よし子訳）『**人類月に立つ（上・下）**』朝日新聞社, 1999.

●**バズ・オルドリン, マルカム・マコネル**（鈴木健次・古賀林幸訳）『**地球から来た男**』
　角川選書, 1992.

●**ジーン・サーナン**（浅沼昭子訳）『**月面に立った男：ある宇宙飛行士の回想**』
　飛鳥新社, 2000.

　アポロ計画は、終了直後はむずかしかったけれど、今振り返ると20世紀でもっともすばらしい人類の偉業の一つだと評価できるでしょう。最初の1冊は、科学ジャーナリストによるもので、月に行った24人の宇宙飛行士のうち死亡した1人を除く23人とのインタビューに成功し、執筆に8年の歳月をかけた労作です。続く2冊は月に実際に着陸した宇宙飛行士の回想録です。究極の目標をやり遂げた人々が、月面で何を感じ、その後どのような人生を送ったか、興味のあるところです。

●**ヘンリー・クーパー**（立花 隆訳）『**アポロ13号奇跡の生還**』新潮社, 1994.

　アポロ13号は、月に向かう途中で機械船の酸素タンクが爆発、宇宙飛行士は着陸船に移動し、息絶え絶えになりながらも地球に無事帰還しました。宇宙飛行士も地上スタッフもほとんどが20代、30代だったそうで、技術力だけではなく、絶対に生きて帰還させるのだという強い意志の勝利ともいえます。映画『アポロ13』も秀逸です。

●**ジェームズ・ハンセン**（日暮雅道・水谷 淳訳）
　『**ファーストマン：ニール・アームストロングの人生（上・下）**』
　ソフトバンククリエイティブ, 2007.

　最初に月に立ったアームストロング飛行士の伝記。彼が大学生になったのは1947年なので、まさにアメリカの宇宙開発と共に歩んだ人物といえます。卓越した能力があったのはもちろんですが、幸運にも恵まれて月への第一歩を踏んだことがわかります。上下巻で約1000ページの大著ですが、読み終えた満足感は格別です。

116

● 的川泰宣『月をめざした二人の科学者：アポロとスプートニクの軌跡』
　中公新書, 2000.
● デイヴィット・スコット, アレクセイ・レオーノフ『アポロとソユーズ』
　ソニー・マガジンズ, 2005.
　1960年代の月一番乗りを目指すアメリカとソ連の国家の威信をかけた
競争はすさまじいものでした。当時のソ連は秘密主義で、アポロ11号
の月着陸の1年前まではどちらが一番乗りするのが、わからなかった
のですから。私は、現在のどんなスポーツゲームを見るよりも興奮
していました。情報公開がされた現在、ここで取り上げた2冊の
うちのどちらを読んでも「あのときの駆け引きはそういうことだ
ったのか」と振り返ることができます。

アポロ計画の記録

ロケット	打上げ	帰還までの時間	飛行士（カッコ内は司令船パイロット）		
アポロ7号	1968年10月11日	10日20時9分	W.シラー、E.ホワイト（R.チャフィー）		
	サターン1Bロケットで打上げ。初のアポロ有人飛行（地球軌道上で）。基本性能の確認				
アポロ8号	1968年12月21日	6日3時0分	F.ボーマン、W.アンダース（J.ラベル）		
	サターンVロケットで打上げ。初の有人月周回軌道。クリスマス・イブに月の裏側へ				
アポロ9号	1969年3月3日	10日1時0分	J.マクディビット、R.シュワイカート（D.スコット）		
	月着陸船の初飛行。地球軌道上で司令機械船と月着陸船のドッキングなどの実験				
アポロ10号	1969年5月18日	8日0時3分	T.スタッフォード、E.サーナン（J. ヤング）		
	月軌道上での初の司令機械船と月着陸船のランデブー・ドッキング。月まで16kmに接近				
アポロ11号	1969年7月16日	8日3時18分	N.アームストロング、E.オルドリン（M.コリンズ）		
	7月20日人類初の月着陸。着陸地点は静かの海。船外活動2時間37分。採集試料22kg				
アポロ12号	1969年11月14日	10日4時36分	C.コンラッド、A.ビーン（R.ゴードン）		
	嵐の大洋、サーベイヤー3号のすぐ近くに着陸。船外活動計7時間45分。採集試料34kg				
アポロ13号	1970年4月11日	5日0時1分	J.ラベル、F.ヘイズ（J.スワイガート）		
	月へ向かう途中で機械船の酸素タンク爆発。月の裏側を回って月着陸を果たさず、帰還				
アポロ14号	1971年1月31日	9日0時1分	A.シェパード、E.ミッチェル（S.ルーサ）		
	フラ・マウロ丘陵に着陸。船外活動時間計9時間22分。手押し車を使用。採集試料42kg				
アポロ15号	1971年7月26日	12日7時11分	D.スコット、J.アーウィン（A.ウォーデン）		
	アペニン山脈の麓に着陸。初めて月面車を使用。船外活動計18時間35分。採集試料77kg				
アポロ16号	1972年4月16日	11日1時51分	J.ヤング、C.デューク（T.マッテングリー）		
	デカルト高地に着陸。船外活動計20時間14分。採集試料96kg				
アポロ17号	1972年12月7日	12日13時1分	E.サーナン、H.シュミット（R.エバンス）		
	晴れの海東部に着陸。船外活動計22時間4分。月面車で34km走破。採集試料111kg				

時刻はすべて米国東部標準時

きほんミニコラム

月をめぐる物語③ 月の中のウサギ（インド）

　昔、インドにウサギとキツネと猿がいました。3匹は仲よく暮らしていましたが、前世の行ないがよくなかったために獣の姿にされていたのです。そこで「世間のために善行を行なって役に立ちたいものだ」と相談していました。ある日、よぼよぼのやせ細った老人が3匹の前に姿を現わしました。3匹はこれでようやく善行ができると張り切りました。

　さっそく猿は木に登って木の実や果物を集めてきました。キツネは川に行って魚をとってきました。しかしウサギは自分では草しか食べていないので、老人のために特別のごちそうを持ってくることができませんでした。そこでウサギはキツネに頼んで老人の前でたき火をたいてもらい、「せめて私の身を焼いて、私の肉を召し上がってください」といってたき火に飛び込んで黒こげになってしまいました。

　これを見た老人は、帝釈天の姿にもどって「このウサギの心がけはとくに立派なものだ。お前の黒こげの姿は月の中に置いてやることにしよう」といいました。こうして月の表面には黒こげになったウサギの姿が見られるようになったのです。

　この話は、紀元前3世紀から紀元7世紀にかけてインドで成立した、お釈迦様の前世を伝える『ジャータカ物語』に出てきます。もちろん主人公のウサギは、お釈迦様の前世の姿です。『ジャータカ物語』は全部で547話からなり、世界の文学に大きな影響を与えました。「月のウサギ」の話は、12世紀初期にできた『今昔物語集』にも集録されています。

Chapter 5

望遠鏡で月を見る

53

望遠鏡で月を見る

月の観測史
～望遠鏡の時代

　最初に望遠鏡を月に向けたのは誰かはっきりしませんが、最初に観測結果を残したのはガリレオ（1564 ～ 1642）です。彼は『星界の報告』(1610) で、月が当時考えられていたように平らではなく起伏に富んででこぼこしており、いたるところにくぼみがあること、とくに高地は起伏に富んでくぼみが多いこと、海は暗く平らでくぼみの少ないことなど、重要な発見をしました。

　17 世紀は、発明されたばかりの望遠鏡によって月を観測することが流行し、次々と月面図が発表されました。しかし、くわしく地形を観察できるほど望遠鏡は高性能ではなく、物理・化学・地質学など月研究に関する学問も未発達でした。このため、月の地形研究は進みませんでした。続く 18 世紀は望遠鏡の大きな改良がなかったので、17 世紀の月面図に手が加えられる程度でした。

　19 世紀になると、望遠鏡が急速に改良されました。それまでの屈折望遠鏡は色がにじんでしまう色収差に悩まされていましたが、1820 年ごろドイツのフランホーフェル（1787 ～ 1826）はガラス材の研究製造、レンズの設計で成果をあげ、屈折望遠鏡の性能は格段に良くなりました。また、このころまでには機械工作の技術も進み、長時間にわたって月を追尾できる赤道儀もできました。一方、反射望遠鏡では、パリ天文台のフーコー（1819 ～ 1868）がガラス材による鏡面研磨法、銀メッキ法、磨いた鏡の検査法などを発明しました。この結果、1880 年ごろには、現在の望遠鏡とくらべても遜色のない望遠鏡が出現しました。

　写真術は 1839 年にフランスのダケールによって発明され、19 世紀末までには、リック天文台やパリ天文台の望遠鏡によって研究用の月写真集が出版されます。これによって、望遠鏡をのぞくことなしに、写真

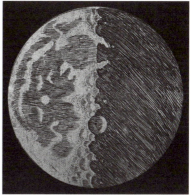

ガリレオの月面スケッチ（画像：Galileo Galilei from Sidereus Nuncius）

によって月の地形が研究できるようになりました。

　20世紀前半は、月は近過ぎて天文学者の研究対象にはなりえず、研究は下火でした。しかし1960年代になると状況は一変します。アポロ計画によって月に人間を送るために、その予備調査のために望遠鏡が使われたのです。アメリカのアリゾナ州フラグスタッフにあるローウェル天文台の火星観測用の屈折望遠鏡（口径60cm）を月に向けたばかりでなく、NASAは月専用の望遠鏡をすぐそばに作り、かつてないほど組織的に月の地図や地質図作りが進められました。

54 クレーターの形

望遠鏡で月を見る

　クレーターは、コップやおわんを表わすギリシャ語です。ガリレオが1601年、自作望遠鏡で月を眺めて多数の凹地があることを発見し、これをクレーターと名付けました。ここでは月のクレーターがどのような形をしているかを見てみましょう。

　p.136～141の写真を見てもわかるように、月にはいろいろな大きさのクレーターがあります。地上から観測できるクレーターも、小さいものは直径1kmから、大きなものは直径200kmを超えるものまであり、さらにベイスンとよばれる巨大クレーターになると直径1000kmを超えるものまであります。

形の違う2つのクレーター（画像：NASA）

ここでは直径97kmのコペルニクスに注目してみましょう。地上の望遠鏡で見るとp.136のように深いクレーターに見えますが、アポロ宇宙船で斜め横から撮影した左ページの写真を見ると、意外に浅いことがわかります。下の断面図を見てみると、直径が97kmあるのに対して、周辺からリム（縁）までの高さは900m、縁からクレーター底までの深さは3760mあります。コペルニクスは東京都がすっぽり入ってしまうほどの大きさで、深さは富士山が隠れてしまう程度ということがわかります。なお月の直径50km以上の新鮮なクレーターでは、コペルニクスのように中央丘とよばれる山塊を持つようになります。

　次に、小さなクレーターを見てみましょう。左写真のゲイリクサックAクレーターは直径9kmのクレーターです。深さは1800mあり、直径のわりに深いことがわかります。月では直径15km以下のクレーターでは、深さは直径の20％程度ですが、それよりも大きくなるとこの比率がしだいに小さくなり、直径50kmで3400m（7％）、直径100kmで4170m（4％）、直径200kmで5100m（2.5％）となります。

　月最大のクレーター（ベイスン）は南極-エイトケン・ベイスンで、直径は2500km、深さは12kmあります。大き過ぎたので気付かれず、1994年になって初めてクレメンタイン探査機のレーザー高度計によって、太陽系最大のクレーターであることがわかりました。

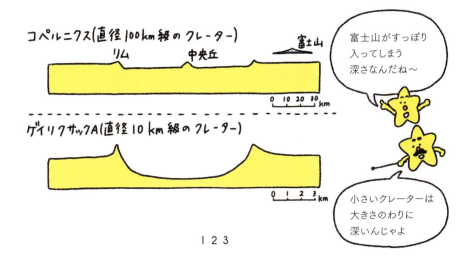

55

望遠鏡で月を見る

月の火山の噴火で
クレーターができた？

　月のクレーターはどうやってできたのでしょう？ 最初に登場したのは火山説です。地球上で月のクレーターに似た凹地といえば、火山の火口が頭に浮かぶのは当然でしょう。最初に月に火山があるといったのは天王星の発見者、ウイリアム・ハーシェル（1738 ～ 1822）で 1787 年のことです。

　形の類似点ばかりでなく、原因となる要素にまで着目したのはナスミス（1808 ～ 1890）です。ナスミスはイギリスの鋳造工場主で、蒸気ハンマーやクーデ式反射望遠鏡の発明者としても知られています。彼は 1874 年にカーペンターとともに『月』を出版し、月のクレーターは火山活動でできたとしました。月は地球にくらべて重力は 6 分の 1 で、真空で空気抵抗もなく、噴出物も遠くまで到達します。このため月では、地球の火山のクレーター（直径は最大で 2km 程度）にくらべて大きなクレーターができるのだというのが彼らの説明でした。

　火山論者を悩ましたのは、月の直径 100km 以上もある大クレーターの成因です。1960 年ごろには、月の大クレーターは単純な火山噴火ではなく、地球のカルデラのようなものだと考える火山論者が増えてきました。カルデラとは直径 2km 以上の火山性凹地のことで、マグマだまりから溶岩や火山灰などが地上に噴出して地下に空洞ができ、陥没してできた地形です。

　地球上でもハワイ、インドネシア、日本（阿蘇、十和田湖、支笏湖など）など直径 10km 以上のカルデラが多数あります。しかしカルデラだとすると大量の火山灰や溶岩が月面に噴出されて残っていなければならず、これは事実に反していました。

124

クレーターレイク・カルデラのでき方
（図版：Williams,H.,1942）

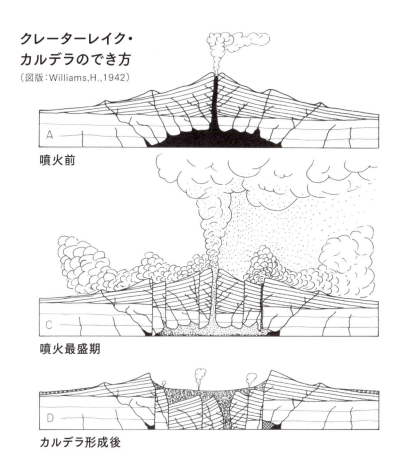

噴火前

噴火最盛期

カルデラ形成後

カルデラの例（アメリカのオレゴン州にあるクレーターレイク、直径10km）

56

望遠鏡で月を見る

隕石の衝突でも
クレーターができる？

　衝突説は、火山説よりも 40 年ほど遅れて、1824 年にドイツの天文学者グルイトイゼンによって提唱されました。18 世紀までは、隕石は宇宙空間から飛んできた物体ではなく、地上の石が竜巻などで持ち上げられ、再落下したものだと考えられていました。そのため、隕石が月面に衝突してクレーターができることは、誰も思いつかなかったのです。

　隕石が宇宙空間からやってきた物質だと証明したのはイギリスの化学者ハワード（1774 ～ 1816）で、1802 年のことです。インドとヨーロッパの広い地域に落下した 4 つの隕石が、落ちた場所の地質によらず、化学的にそっくりだったのです。しかし隕石が地球外からやってきたと証明されても、隕石が衝突して大きなクレーターを作ることは、すぐには支持されませんでした。なにしろ当時は、地球上に一つも衝突クレーターが発見されていなかった時代です。

　月のクレーターの衝突説を世に広めたのは、アメリカの地質学者ギルバード（1843 ～ 1918）です。1892 年、彼はクレーターはもちろんのこと、雨の海を取り巻く山脈も、小天体が衝突してできた直径 1300km もの巨大クレーターであると発表しました。

　一方でギルバードは、アリゾナのメテオールクレーターも衝突クレーターでないかと調査しました。しかし、衝突クレーターである充分な証拠を発見できず、水蒸気爆発でできた火山性クレーターであると結論を出します。ギルバードはアメリカ地質学会の会長を務めたほどの人物で人柄もよく、大きな影響力を持っていました。この誤った結論によって、皮肉なことに彼自身の月クレーターの衝突説も、その後数十年間は勢いを失ってしまったのです。

メテオールクレーター(アメリカのアリゾナ州、直径1.3km)

水蒸気爆発でできた火山性クレーターの例(ホール・イン・ザ・グラウンド、アメリカのオレゴン州、直径1.3km)

望遠鏡で月を見る

月のクレーターは隕石の衝突でできた！

　アリゾナ州にあるメテオールクレーターは、付近に多数の隕鉄（鉄分の多い隕石）が散らばっているにもかかわらず、衝突クレーターである証拠があげられませんでした。そこに登場したのがユージーン・シューメーカー（1928〜1997）です。シューメーカーは1994年に木星に衝突したシューメーカー・レビー第9彗星の発見者としても有名ですが、本業は地質学者です。

　彼はアリゾナのメテオールクレーターの構造を調べ直しました。この地域は、水平な地層が重なっています。彼は、メテオールクレーターの付近ではこの地層がめくれあがっていることを発見しました。また共同研究者とともに、シリカ（SiO_2）の高温高圧相であるコーサイトという鉱物を発見します。地球上ではシリカは石英の形をとることが多く、コーサイトは実験室でしか作られたことのない鉱物でした。つまりコーサイトは、超高速（毎秒10km以上）の衝突によって地表物質に高い圧力がかかり、また加熱されたことを示す決定的な証拠となったのです。

　シューメーカーは現地調査と計算から、メテオールクレーター（直径1.2km）は、直径わずか30mの隕鉄が秒速15kmで衝突すればできることを求めました。ピストルの弾のスピードは毎秒300mほどですから、その50倍も速いのです．隕石の衝突速度が速かったために、隕石の直径の40倍も大きなクレーターが作られたのです。

　こうやってメテオールクレーターが地球上で最初の衝突クレーターであることが証明されると、同じ判断基準によって、地球上に次々と衝突クレーターが発見されます。アポロ計画の始まる1965年ごろには、20個以上の衝突クレーターがあることがわかってきました。現在では、地球上に190個の衝突クレーターが発見されています。

メテオールクレーターのでき方
（図版：Shoemaker, E., 1963）

① 直径30mの隕鉄が毎秒15kmで接近

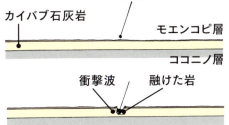

② 隕石が地面に衝突、衝撃波が発生

③ 空洞は広がり、衝撃波面の後方には融けた岩石や破砕された岩石ができる

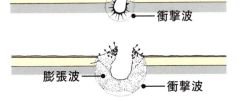

④ 空洞周辺の溶融岩石と破砕岩石の混合物が、上方に移動を始める

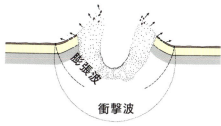

⑤ 衝撃波と膨張波は到達限界に達し、地層がひっくり返り、物質が放出され始める

⑥ 溶融岩石と破砕岩石の混合物がクレーターの壁に沿ってはぎ取られる

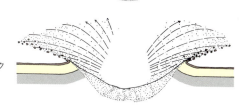

⑦ 地層のめくれ上がり構造ができ、最後に高く打ち上げられた放出物が着地する

500 m

望遠鏡で月を見る

月の時代を区分する

地層の重なりから年代を求める

地球では、新生代・中生代・古生代のように生物（おもに動物）によって地質時代が区分されています。生物がいない月でその代わりに考えられたのが、地形の重なり方から時代を区分する方法です。

1962年にアメリカ地質調査所のシューメーカーとハックマンは、雨の海周辺の地形から月の時代を区分しました。当時、月探査機はないので、地上からの望遠鏡観測をもとにしました。

雨の海付近で目立つのはアルプス山脈、アペニン山脈などの山脈です。これらは巨大な衝突クレーター、インブリウム・ベイスン（ベイスンは巨大クレーターの意味）の縁にあたります。インブリウム・ベイスンの中に雨の海の溶岩がたまっており、一方コペルニクスからの光条は雨の海の溶岩を覆っているので、コペルニクスは雨の海の溶岩よりも新しいことがわかります。したがってできた順序は、インブリウム・ベイスン→雨の海の溶岩→コペルニクスとなります。

次に、雨の海の中にあるクレーターに注目すると、オートリクス・アリスティルス・エラトステネスは、雨の海の溶岩の上にあります。ところがアルキメデス・カッシニでは、クレーターができたときに飛び散った放出物が海の溶岩上には見られません。つまり、これら2つのクレーターのできたあとも、海の溶岩の噴出は続いていたということになりますので、アルキメデス・カッシニ→雨の海の溶岩→オートリクス・アリスティルス・エラトステネスという形成順序になります。

こうして月の時代区分（右ページ下）ができ、さらにアポロが持ち帰った月岩石の年代測定から時間の目盛りが刻まれました。

さまざまな月の地形

月の時代区分

Stoffler/Ryder (2001)による

年代	時代区分	時代区分の基準	おもなクレーターなど
0(現在)▶	コペルニクス代	光条のある大型クレーター	ティコ、コペルニクス
8億年▶	エラトステネス代	光条のない大型クレーター	ラングレヌス エラトステネス
32億年▶	インブリウム代	〈雨の海南部の溶岩流出時期〉 大量の溶岩の流出 〈インブリウム・ベイスン(雨の海)の形成〉	アルキメデス、プラトー 虹の入り江
38.5億年▶	ネクタリス代	〈ネクタリス・ベイスン(神酒の海)の形成〉	クラビウス 晴れの海のベイスン 湿りの海のベイスン
39.2億年▶	先ネクタリス代	〈月の形成〉	静かの海のベイスン 豊かの海のベイスン 南極エイトケンのベイスン
45億年▶			

クレーター密度から年代を求める

　右の写真は「知られた海」で、横幅が130kmあります。海といっても小天体の衝突によってできた多数の小クレーターがあります。この写真をよく見ると、場所によってクレーター密度（同じ面積あたりのクレーター数）が違うことがわかります。実際に領域Aと領域Bのクレーター数を数えてみます。クレーター密度を調べるためには、どちらの領域でも基準の直径以上のクレーターをすべて数えなければなりません。ここでは直径500m以上のクレーターを数えます（領域Bの矢印で示したクレーターが直径500mです）。

　結果は、領域Aが184個、領域Bが32個となりました。古い月面ほど多数の小天体が衝突し、多数のクレーターが作られるはずですから、領域Aは領域Bよりも古いはずです。では184÷32＝5.75だから5.75倍古いといえるでしょうか？　もし小天体の衝突する頻度が同じならば（図1a）、5.75倍古いはずです（図1b）。しかし古い時代ほど衝突する頻度が大きかったならば（図2a）、年代の差がずっと小さくなります（図2b）。

　アポロは月に6回着陸して岩石を採集し、着陸地点の年代が求められました。また、それぞれの着陸地点ではいまのべたのと同じ方法で直径500m以上のクレーター密度年代が求められています。そこで、これら6点を使って2bのような実際の月面の年代とクレーター密度年代の曲線を描くことができます。その曲線に、領域Aと領域Bのクレーター密度を当てはめると、Aが約35億年前、Bが約28億年にできた月面であることがわかります。

　このようにして、探査機の着陸していない月面の年代も決めることが可能となりました。また地形の重なり方による年代の求め方とあわせて、131ページの表のような月の時代区分ができるようになったのです。

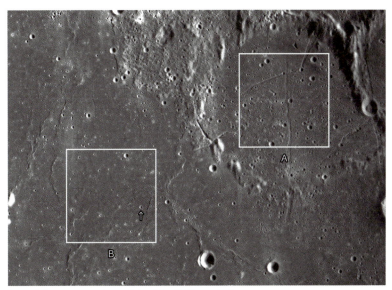

知られた海での、クレーターの密度の違い（画像：NASA）

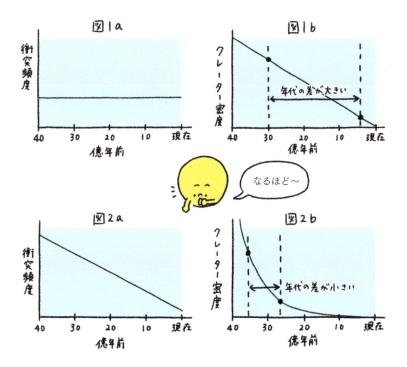

望遠鏡で月を見る

月の地名の名付け方

　ガリレオが月に望遠鏡を向けてから約40年後、最初に月の地形に体系的な名前を付けたのは、ベルギー生まれの天文学者ラングレヌス（1600〜1675）です。1645年、彼は300以上の地形に科学者、王族、貴族の名前を付けました。暗くて平らな部分に「海」、「入江」、「湖」、「沼」の名前を付けたのもラングレヌスです。しかし彼の月面図は発行部数が少なかったために、現在はほとんど使われていません。

　1647年にはドイツの天文学者ヘベリウス（1611〜1687）がヨーロッパ周辺の地名を、月の地名にしました。たとえば現在のコペルニクスを「エトナ山」、雨の海を取り巻く山脈に「アペニン山脈」、「アルプス山脈」のように名付けました。ヘベリウスの命名は、おもに山脈名が10個ほど現在も使われています。

　1651年、イタリアのボローニア大学の天文学教授、リチオリ（1598〜1671）が月面図を発表しました（右図）。クレーターには天文学者、哲学者、地理学者など250人の名前を採用しました。暗い部分はラングレヌスのように「海」、「入江」、「湖」、「沼」とよびましたが、その前には状態や天候を表わす語を入れました。雨の海、静かの海、虹の入江などです。彼の月面図は正確で発行部数も多かったために、約300の地名が現在でも使われています。

　18世紀になると望遠鏡の性能も良くなり、観測者が月の地形に勝手な名前を付けたために、一つのクレーターが3つの名前を持つという事態さえ生じました。このため国際天文連盟（IAU）の中に命名委員会ができ、1934年に従来の名前を整理し、672個の固有名がIAUで承認されました。1960年代後半には裏側の地形もわかるようになったので、裏側にはおもに19〜20世紀の科学者の名前が付けられています。

リチオリの地名を付けたグリマルディの月面図
(画像：G.B.Riccioli from Almagestum Novum)

地名の読み方

ラテン語	英語	日本語	例
Catena	crater chain	クレーター列	Catena Samner(カテナ・サムナー)
Dorsum	mare ridge	リッジ(尾根)	Dorsum Zilrel(ドルサム・ティルレル)
Dorsa	Dorsumの複数形		Dorsa Harker(ドルサ・ハーカー)
Mare	sea	海	Mare Imbrium(雨の海)
Mons	mountain	山	Mons Pico(ピコ山)
Montes	mountain range	山脈	Montes Apenninus(アペニン山脈)
Oceanus	ocean	大洋	Oceanus Procellarum(嵐の大洋)
Palus	mush	沼	Palus Asperitatis(熱の沼)
Promontorium	cape	岬	Laplace Promontorium(ラプラス岬)
Rima	rille	谷	Rima Hyginus(ヒギヌス谷)
Rupes	scarp	崖	Rupes Altai(アルタイ崖)
Sinus	bay	入り江	Sinus Iridum(虹の入江)
Vallis	valley	谷	Vallis Rhita(レイタ谷)

地名はラテン語で表記されます。覚えておくと外国の月面図を見るときに便利です

望遠鏡で月を見る

望遠鏡で楽しめる月の名所

　月は地球から望遠鏡で見て、表面の地形がわかる唯一の天体です。火星や木星も表面の模様は見えますが、雲の模様や地面の濃淡を見ているにすぎません。月の大きなクレーターや光条の様子は、双眼鏡でもわかります。さらに望遠鏡を使えば、月の地形は驚くほどよくわかります。

　月の詳細な地形を見るには、コツがあります。太陽が真上から当たっている満月前後ではなく、地形が長い影を落としている上弦や下弦前後の欠け際をねらうことです。ここで掲載した写真の大部分は、そのような条件のときに撮影したものです。最初は大きなクレーターばかりに目がいってしまいますが、山脈、谷、ドームなどにも注目してみましょう。

ティコ（直径85km）：1億年前の衝突でできた、きわめて新しいクレーターです。新しいために深さ4850mと深く、シャープなリム（縁）、階段状に崩れ落ちた内壁、中央丘など、できたばかりのクレーターがどういう形をしているのかがわかります。太陽高度の低いこの写真では目立ちませんが、満月のときには、放射状の光条が2000km以上も広がります。

コペルニクス（97km）：9億年前の衝突でできた新しいクレーターです。クレーターの深さは3760m、中央丘の高さはクレーター底から1200mで、クレーター縁は周囲の平原から900mの高さがあります。海に衝突したので、放出物によってできた2次クレーターや光条の様子がよくわかります。

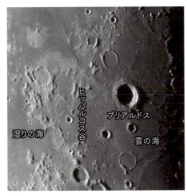

ブリアルドス(61km)：雲の海西部にある30億年前にできたクレーターです。周りに大きなクレーターがないので目立ちますが、光条はほとんど失われています。ブリアルドスからの放射状尾根は、北西側で欠けているのは新しい溶岩で埋められたためです。左には湿りの海を取り巻く平行谷、ヒッパルコス谷が見えます。

クラビウス(225km)：表側で最大級のクレーターで、中に四国がすっぽり入ってしまうほどの大きさです。月には雨風はありませんが、小さな隕石の衝突や周囲のクレーターからの放出物による埋め立てによって、地形はなだらかになっていきます。約40億年前にできた古いクレーターです。

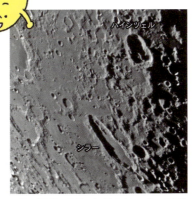

プトレメウス(153km)・アルフォンスス(110km)・アルザッケル(97km)：この3つは中央クレーター列ともよばれ、この順に新しくなります。アルフォンススのクレーター底にある3つの暗斑は、爆発的な火山噴火でまち散らされた噴出物です。この地域の北北西〜南南東のすじは、38.5億年前のインブリウム・ベイスン(雨の海参照)の放出物によるひっかき傷です。

シラー(179×71km)：月のクレーターのほとんどは円形ですが、シラーやハインツェル(70km)のように細長いクレーターもあります。10度以上の角度で衝突した場合には円形のクレーターができます。斜めの衝突でも円形になるのは、衝突速度が毎秒数km〜数十kmと非常に高速なためです。それより低角度では細長いクレーターができます。

137

望遠鏡で月を見る

アペニン山脈：インブリウム・ベイスンの南東壁に相当します。月面でもっとも目立つ全長600 kmの山脈で、雨の海から高さ6kmにそびえ、外側に向かってしだいに低くなります。1971年7月、アポロ15号はこの山脈の麓にあるハドリー谷に着陸しました（★は探査機が着陸したところです）。アペニン山脈とアルキメデス間の起伏の多い平原は、38億年前の初期の溶岩噴出によってできたと考えられています。

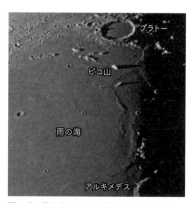

雨の海：雨の海は、38.5億年前の衝突によってできた直径1300kmのインブリウム・ベイスンに、38〜30億年前に噴出した溶岩が埋め立ててできた平原です。流れやすい溶岩なので、溶岩の大平原ができました。月には大気がないので、欠け際にある地形は長い影を落とします。

危機の海：どの海ともつながっていない独立した円形の海で、海というよりも巨大なクレーターのようにも見えます。地球から見ると南北方向に長く見えますが、実際には東西600km、南北500kmの楕円形をしています。周囲を取り巻く山脈は、アペニン山脈ほど急峻ではなく、海を取り巻く山脈にも個性があることがわかります。

湿りの海（435km）：小ぶりな海で、周囲に環状の谷が発達しています。北縁あるガッセンディ（110km）内部には複雑な中央丘群や谷があります。このように海の縁にあるクレーターは、クレーター底がマグマに押し上げられて、割れ目を持つものが多く見られます。

虹の入江（直径260km）：インブリウム・ベイスンの縁への衝突によってできた大型クレーターで、もともと南東側が低かったために、円形のクレーターはできず、入江となったものです。虹の入江のできた年代は、インブリウム・ベイスン（38.5億年）よりも新しく、海の溶岩の噴出よりも古い37～38億年前です。

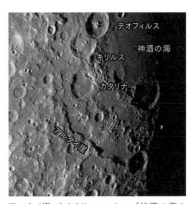

アルタイ崖：ネクタリス・ベイスン（神酒の海の器となった巨大クレーター）の外側のリムで、長さは480kmあります。右上には内側のリムも見られます。ベイスンは2重、3重のリムを持つのがふつうで、ネクタリス・ベイスンは、あとからの溶岩による埋め立てが少なかったために、内側のリムも残っているのです。

フラマウロ丘陵：「知られた海」と名付けられたこの付近は多数の山塊、丘陵、埋め残されたクレーターのリムなどが見られます。これは溶岩の厚さが数百mと薄いためです。1971年2月、アポロ14号はフラマウロ丘陵に着陸し、この丘陵がインブリウムベイスンからの厚さ数百mの放出物でできていることを明らかにしました。

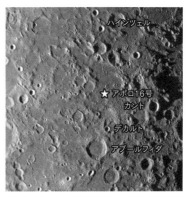

カント・デカルト高地：神酒と海と雲の海の間にはさまれた高地ですが、ティコ周辺の高地にくらべるとクレーター間が平原状になっているのがわかります。1960年代は、この平原物質は火砕流や火山灰で作られているのではないかと考えられていました。1972年4月、アポロ16号が着陸し、ベイスンからの放出物でできていることがわかりました。

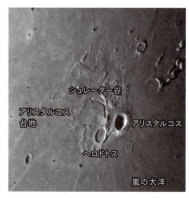

アリスタルコス台地：一辺180kmの菱形で、面積2万km^{2}の九州ほどの面積を持つ溶岩台地です。この台地は多数の小型盾状火山が集まってできています。台地の南東部にあるアリスタルコス（40km）は5億年前にできた新しいクレーターできわめて明るく、クレーター内部は青味をおびています。

ホルテンシウスのドーム群：コペルニクス〜ケプラー間のホルテンシウス付近は、十数個のドームが集まっています。写真のように欠け際では急峻に見えますが、実際の傾斜は数度しかありません。ドームの直径は5〜13km、高さは数百mで、地球の小型盾状火山に相当します。

マリウス丘：マリウスクレーター（41km）の北西側に広がるドーム群で、100個以上のドームがあり、ホルテンシウスのドーム群よりはやや急です。このため、溶岩を流すだけではなく、噴出物を放出するような噴火があったと推定されています。南西側にあるおたまじゃくし状の白斑はライナーγとよばれ、彗星が衝突した跡との説があります。

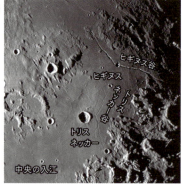

ヒギヌス谷：小望遠鏡でも見やすい谷で、ヒギヌスクレーター（6km）から北西と東南東に計220kmのびています。谷の上にリム（縁）のないクレーターが並んでいます。ヒギヌスクレーターとこれらのリムのないクレーターは、火山噴火によってできたものと考えられます。すぐ南にあるトリスネッカー谷は、細い谷が集まってできています。

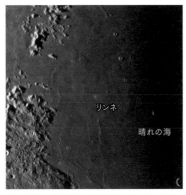

リンネ(2km)：晴れの海西部にあるリンネは、望遠鏡でやっと見えるような小さなクレーターです。19世紀の観測者はリンネを直径10kmのクレーター、白斑、山頂に穴のあるドームなどさまざまな形に報告し、形が変化するのではないかとさえ疑われました。アポロの写真から、直径2.54km、深さ600mの新鮮なふつうのクレーターであることがわかりました。

アラゴのドームとラモント：アラゴクレーター（26km）の北と西にあるドームは、直径20kmの月最大のドームで、表面はでこぼこしています。アラゴの東側には、しわの集合地形ラモントがあります。左側に見えるのはアリアデウス谷で、長さ220km、幅4〜5km、深さ800mの地溝です。

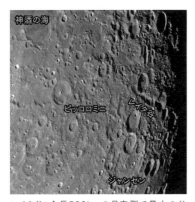
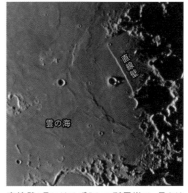

レイタ谷：全長500kmの月表側で最大の谷で、ネクタリス・ベイスン（神酒の海の凹地、左上に一部が見えます）からの放出物によってできたクレーター列です。ベイスンの形成時には、あとからの放出物ほど遠くに着地するので、外側のクレーターほど上に重なっていることがわかります。

直線壁：月にはめずらしい断層崖で、長さは120km、段差は約300mあります。影の様子から直線壁の西側が低いことがわかります。欠け際では急崖に見えますが、実際の傾斜は30度程度です。雲の海の東岸にあり、溶岩が雲の海中央部に厚くたまって沈降したために断層崖ができたようです。

MOON DATA

月のデータ

平均距離　384,400km　→p.42
最大距離　406,740km（遠地点）　→p.42
最小距離　356,410km（近地点）　→p.42

直径　3,476km　地球の0.27倍　→p.36
平均半径　1,737.5km
赤道半径　1,738km　→p.36
極半径　1,735km
表面積　37,958,621km^2　地球面積の0.0203倍＝約49分の1

質量　7.35×10^{22}kg　地球質量の0.0123倍＝約80分の1　→p.36
体積　2.197×10^{10}km^3　地球体積の0.0203倍＝約50分の1　→p.36
平均密度　3.34g/cm^3　地球の平均密度の0.6倍
表面重力　1.62m/s^2　地球の表面重力の約6分の1
脱出速度　2.38km/s

平均視直径　31′07″
満月の明るさ　－12.5等級
平均反射率　7％
高地の平均反射率　10％
海の平均反射率　5％
表面温度　120℃～－153℃

赤道に対する公転軌道面の平均傾斜角　6°41′　→p.58,76
黄道に対する公転軌道面の平均傾斜角　5°08′43″　→p.58
黄道に対する月の赤道面の平均傾斜角　1°32′33″　→p.58
軌道上の平均速度　3,683km/時　→p.42
公転軌道の平均離心率　0.0549（地球は0.0167）　→p.42

朔望月（新月から新月まで）　29.53059日＝29日12時間44分2.8秒　→p.10,38
恒星月（基準星から基準星まで）　27.32166日＝27日7時間43分11.5秒　→p.38
近点月（近地点から近地点まで）　27.55455日＝27日13時間18分33.2秒　→p.44
交点月（昇交点から昇交点まで）　27.21222日＝27日5時間5分35.8秒　→p.72
分点月（春分点から春分点まで）　27.32158日＝27日7時間43分4.7秒
食年（下のコラム参照）　346日14時間52分54.8秒

「食の季節」は毎年19日ずつ早くなる

月が黄道の昇交点を横切ってからふたたび昇交点を横切るまでの時間を1交点月といいます（p.60参照）。太陽がこの交点を横切ってから、ふたたびこの交点を横切るまでを1食年といいます。
太陽が交点（昇交点・降交点）から15度以内にいるときに、月が交点を通過すると日食になります（下図）。日食は、月と太陽が接近するこの昇交点付近と180度離れた降交点付近でしか起こりません。太陽が交点から15度以内にいるときを

「食の季節」とよび、30日ずつ続きますが、昇交点と降交点があるので「食の季節」は1年に2回あります。
月食は、太陽が一方の交点、月がほかの交点にあるときに起こります。昇交点は春分点を基準とすると18.6年で1周するため（p.60参照）、1食年は1恒星年よりも約19日短くなります。このため、日食と月食の起こる「食の季節」は毎年19日ずつ早くなるのです。

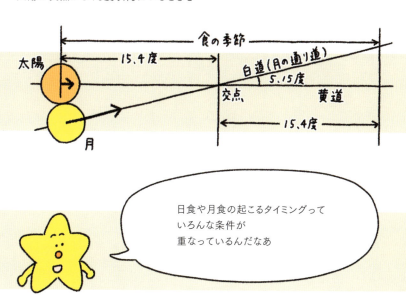

日食や月食の起こるタイミングっていろんな条件が重なっているんだなあ

143

MOON DATA

月面図（表）

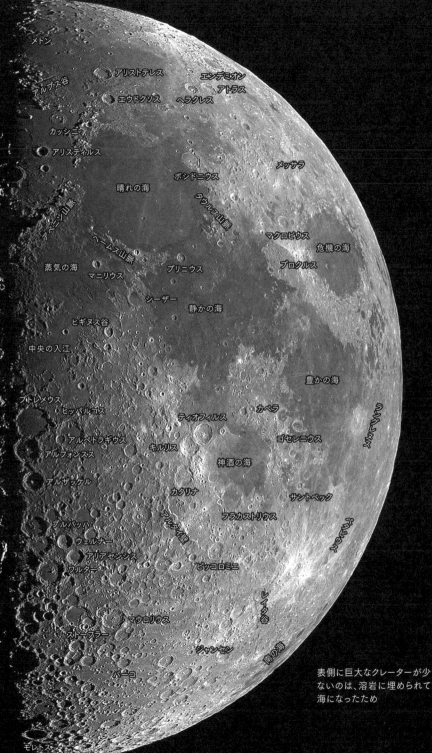

MOON DATA

月面図（裏）

- ダランベール
- キャンベル
- ミリカン
- シャイン
- セイファート
- モスクワの海
- アンダーソン
- メンデレーエフ
- パパレクシ
- キング
- スミス海
- ダエダルス
- キーラー
- パスツール
- ヘビサイト
- エイトケン
- ツィオルコフスキー
- ガガーリン
- パブロフ
- 賢者の海
- ライプニッツ
- コッホ
- フォン・カルマン
- ブランク
- ポアンカレ
- シュレーディンガー

ゾンマーフェルト

ローランド
バーコフ

カルノー

ラモーア

コバレフスカヤ

ジュール

ジャクソン

マクマス　　　マッハ

ポインティング

レベデンスキー

マイケルソン

ヘルツシュプルング

ウィヴィロア

イカルス　　　コロリョフ

ドップラー

東の海

オッペンハイマー

アポロ　　　チェビシェフ

南極＝エイトケン盆地

裏側には海が少なく大きなク
レーターがたくさんある
（画像：ＮＡＳＡ／ＧＳＦＣ／
Arizona State University）

アンドニアジ

MOON DATA

最近の月探査機

● かぐや（日本）

　2007年9月、H-IIAロケットによって打ち上げられたマイクロバスほどの大きさの大型月探査機です。高度100kmで月の北極・南極の上空を通過する極軌道をとり、アポロ計画ではできなかった月全面を観測しました。10種以上の観測機器を搭載し、地形、元素組成、化学組成、地下構造、重力などを観測し、2009年6月に月に制御落下しました。ハイビジョンカメラによる月の地平線から満地球の出などは記憶に残るシーンです。

● ルナー・リコナイサンス・オービター（LRO）（USA）

　重量1210kgの中型衛星で、2009年6月に打ち上げられました。リコナイサンスとは偵察の意味です。とくに注目される搭載機器はモノクロの望遠カメラ（最大分解能50cm）で、有人着陸に適した場所を探します。カラーの広角カメラ（分解能100m）も搭載し、152ページのWebサイトはこのカメラの画像によって作られています。このほかレーザー高度計、放射線量が人類に与える影響、水資源の調査などが含まれます。LROは現在（2021年3月）も月周回軌道から新しいデータを送り続けています。

ルナー・リコナイサンス・オービターの想像図
（画像：NASA）

● 嫦娥1号・2号（中国）

　嫦娥1号は、「かぐや」より一回り小さい月周回衛星で、2007年10月に打ち上げられ、2009年3月に豊かの海に衝突しました。嫦娥2号は2010年10月に打ち上げられ、月周回軌道で8か月間の観測後、太陽〜地球間のラグランジェ点に移動しました。嫦娥2号のカメラの分解能7mで月全面を撮影したと報道されました。

● 嫦娥3号・4号（中国）

　2013年12月に打ち上げられた嫦娥3号は12月14日に雨の海の北西部に着陸、翌日からローバー「玉兎1号」を月面に降ろし、翌月まで115mを走行しました。2019年1月3日、嫦娥4号は月の裏側、南極エイトケンベイスン内部に着陸し、月の裏側に着陸した世界初の探査機となりました。ローバー「玉兎2号」を月面に降ろし、2020年12月までに601mを走行。地球とは中継衛星「鵲橋」によって交信しています。

● 嫦娥5号（中国）

　嫦娥5号は2020年12月1日に嵐の大洋に着陸、表面付近の1731gのサンプルを採取しました。サンプルを入れた上昇モジュールは月軌道上に待機する軌道モジュール・帰還モジュールとドッキングし、サンプルを移動、12月17日中国内モンゴル自治区に着陸しました。月からサンプルリターンは1976年のルナ24号（旧ソ連、170g）以来の46年ぶりのことです。最近の中国は月探査に意欲的で、その技術の進歩には目をみはるものがあります。

かぐや（模型）　　　　　　　　玉兎2号（画像：CNSA / CLEP）

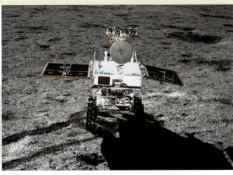

月無人探査機

探査機名	打上げ年月	国名	重量(kg)	タイプ、おもな業績
ルナ1	1959年1月	ソ連	361	フライバイ
ルナ2	1959年9月	ソ連	390	衝突
ルナ3	1959年10月	ソ連	278	フライバイ、裏側の写真撮影
レンジャー3	1962年1月	USA	330	衝突までの写真撮影をねらうが、月から36793kmそれて失敗
レンジャー4	1962年4月	USA	331	衝突までの写真撮影をねらうが、それて裏側に衝突
レンジャー5	1962年10月	USA	341	衝突までの写真撮影をねらうが、月から724kmそれて失敗
ルナ4	1963年4月	ソ連	1442	着陸を目指すが、月を8500kmはずれる
レンジャー6	1964年1月	USA	365	衝突までの写真撮影をねらうが、カメラ作動せず
レンジャー7	1964年7月	USA	366	衝突(嵐の大洋南部)までの写真撮影成功
レンジャー8	1965年2月	USA	367	衝突(静かの海)まで写真撮影成功
レンジャー9	1965年3月	USA	366	衝突(アルフォンスス)までの写真撮影成功
ルナ5	1965年5月	ソ連	1467	着陸失敗して衝突
ルナ6	1965年6月	ソ連	1442	着陸を目指すが、月を161000kmそれて失敗
ゾンド3	1965年7月	ソ連	950	フライバイ、裏側の写真撮影成功
ルナ7	1965年10月	ソ連	1506	着陸失敗して衝突
ルナ8	1965年12月	ソ連	1552	着陸失敗して衝突
ルナ9	1966年1月	ソ連	1586	最初の無人着陸(嵐の大洋西部)
ルナ10	1966年3月	ソ連	1600	最初の月周回衛星
サーベイヤー1	1966年5月	USA	995(270)	アメリカ最初の無人着陸機(嵐の大洋南東部)
ルナ11	1966年8月	ソ連	1640	月周回衛星
ルナーオービター1	1966年8月	USA	385	アメリカ初の月周回衛星(低緯度のアポロ着陸候補地を撮影)
サーベイヤー2	1966年9月	USA	1000(283)	無人着陸機をねらうが失敗
ルナ12	1966年10月	ソ連	1625	月周回衛星
ルナーオービター2	1966年11月	USA	390	周回衛星(低緯度のアポロ着陸候補地を撮影)
ルナ13	1966年12月	ソ連	1590	着陸(嵐の大洋西部)
ルナーオービター3	1967年2月	USA	385	周回衛星(低緯度のアポロ着陸候補地を撮影)
サーベイヤー3	1967年4月	USA	1035(283)	無人着陸機(嵐の大洋南部)
ルナーオービター4	1967年5月	USA	390	周回衛星(極軌道で表側全面を撮影)
サーベイヤー4	1967年7月	USA	1039(283)	無人着陸機をねらうが失敗
エクスプローラー35	1967年7月	USA	93	周回衛星(宇宙粒子と月磁場)
ルナーオービター5	1967年8月	USA	390	周回衛星(極軌道で表側の重要地域と裏側の60%を撮影)
サーベイヤー5	1967年9月	USA	1005(279)	無人着陸機(静かの海南部、写真撮影と土壌の化学分析)
サーベイヤー6	1967年11月	USA	1008(283)	無人着陸機(中央の入り江、写真撮影と土壌の化学分析)
サーベイヤー7	1968年1月	USA	1014(290)	無人着陸機(ティコ、写真撮影と土壌の化学分析)

探査機名	打上げ年月	国名	重量(kg)	タイプ、おもな業績
ルナ14	1968年4月	ソ連	1615	月周回衛星
ゾンド5	1968年8月	ソ連	5600	フライバイ後、地球に帰還
ゾンド6	1968年11月	ソ連	5600	フライバイ後、地球に帰還
ルナ15	1969年7月	ソ連	5600	サンプルリターンを目指すが月面に衝突
ゾンド7	1969年8月	ソ連	5600	フライバイ後、地球に帰還
ルナ16	1970年9月	ソ連	5600(1880)	最初の無人サンプルリターン成功(豊の海東部、100g)
ゾンド8	1970年10月	ソ連	5600	フライバイ後、地球に帰還
ルナ17	1970年11月	ソ連	5600(1836)	最初の月面ローバー(雨の海西部、322日間、10.5km)
ルナ18	1971年9月	ソ連	5600	豊かの海への軟着陸失敗
ルナ19	1971年9月	ソ連	5600	月周回衛星
ルナ20	1972年2月	ソ連	5600	サンプルリターン(豊かの海北東部、30g)
ルナ21	1973年1月	ソ連	5600	月面ローバー(晴れの海東部、139日間、37km)
ルナ22	1974年5月	ソ連	5600	月周回衛星
ルナ23	1974年10月	ソ連	5600	サンプルリターンを目指すが、失敗
ルナ24	1976年8月	ソ連	5600	サンプルリターン(危機の海南東、170g)
ひてん	1990年1月	日本	185	二重月スイングバイ軌道での工学実験衛星
クレメンタイン	1994年1月	USA	423	周回衛星、極軌道で全球マッピング
ルナプロスペクター	1998年1月	USA	259	周回衛星、極軌道でグローバルな化学・物理計測
スマート1	2003年9月	EU	370	電気推進とスイングバイによって月周回軌道に入る
かぐや(SELENE)	2007年9月	日本	2900	月周回衛星、地形、重力、岩石、鉱物等の総合観測
嫦娥1	2007年10月	中国	2350	月周回衛星、1年にわたり月の科学探査。2009年3月、月に衝突
チャンドラヤーン1	2008年10月	インド	1304	月周回衛星、09年8月、通信途絶
ルナー・リコナイサンス・オービター(LRO)	2009年6月	アメリカ	1916	月周回衛星、最高50cm解像力で月面撮影、将来の月着陸地点を調査
エルクロス(LCROSS)	2009年6月	アメリカ	621	LROと同時打上げ、南半球高緯度に衝突、水の存在を調査
嫦娥2	2010年10月	中国	2500	月周回衛星、将来の着陸地点観測、月を脱出しL2に到達
グレイル	2011年10月	アメリカ	307	2機の同型探査機を月周回軌道に投入、月の重力場を測定
ラディー	2013年9月	アメリカ	248	月周回衛星、月の微量大気とダストを調査
嫦娥3	2013年12月	中国	3780(1340)	無人着陸機が雨の海に着陸、玉兎1号が月面を走行
嫦娥4	2018年12月	中国	3780(1340)	無人着陸機が裏側の南極エイトケンベイスンに着陸、玉兎2号が月面を走行
嫦娥5	2020年11月	中国	8200	サンプルリターン(嵐の大洋北西部、1731g)

打上げに成功した探査機のみを掲載。重量は燃料なしの重量、ただしスマート1は全体の重量。重量のカッコ内の数字は軟着陸機のみの重量。(月惑星研究所のHPなどから作表)

MOON DATA

Webサイトで楽しむ月の名所

「LROC ACT-REACT Quick Map」(http://target.lroc.asu.edu/q3/)はアメリカのルナー・リコナイサンス・オービター(LRO)のデータによって作られた月面図で、地球から望遠鏡で見たように月面が見える投影法が採用されています。英語表示ですが、ボタンなどを実際にクリックして試してみれば、簡単に操作することができます。

最初は、下のような月の表側全体の地図が表示されます。拡大したい場所(たとえば①)をクリックすると2倍ずつ拡大表示されます。4回クリックすると右ページの左側3点のような月面が現われます。このときの解像度は1kmで、口径20cmの望遠鏡で見た月面(p.136〜141)とほぼ同等です。

さらに3回クリックしたときの解像度は125m、この解像度になると地球からは大望遠鏡を使っても見えない世界です。場所は限られますが、さらにクリックすると50cm解像度まで得られる地域もあります。

②をクリックするとメルカトール投影法へ変更、緯度線・経度線の表示、地名の表示、太陽高度の変更などのメニューが表示されます。③をクリックすると3次元表示をするために地域選択、2点間の距離測定、その間の断面図を作るボタンが表示されます。倍率を変えたり、太陽高度を変えたり、いろいろなボタンを操作すると、私たちの知らなかった月の世界が広がっていきます。

満月前のコペルニクス(解像度1km)

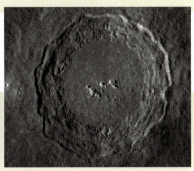
満月前のコペルニクス(解像度125m)

満月のコペルニクス(解像度1km)

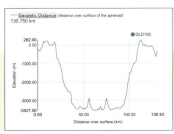
コペルニクスの断面図

満月過ぎのコペルニクス
(低太陽高度、解像度1km)

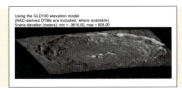
コペルニクスの3次元表示(立体画像)

MOON DATA

2023年～2030年の
月の満ち欠け

▶ **2023年**

1/07	満月 ○	4/13	下弦 ◐	7/18	新月 ●	10/22	上弦 ◐
1/15	下弦 ◐	4/20	新月 ●	7/26	上弦 ◐	10/29	満月 ○
1/22	新月 ●	4/28	上弦 ◐	8/02	満月 ○	11/05	下弦 ◐
1/29	上弦 ◐	5/06	満月 ○	8/08	下弦 ◐	11/13	新月 ●
2/06	満月 ○	5/12	下弦 ◐	8/16	新月 ●	11/20	上弦 ◐
2/14	下弦 ◐	5/20	新月 ●	8/24	上弦 ◐	11/27	満月 ○
2/20	新月 ●	5/28	上弦 ◐	8/31	満月 ○	12/05	下弦 ◐
2/27	上弦 ◐	6/04	満月 ○	9/07	下弦 ◐	12/13	新月 ●
3/07	満月 ○	6/11	下弦 ◐	9/15	新月 ●	12/20	上弦 ◐
3/15	下弦 ◐	6/18	新月 ●	9/23	上弦 ◐	12/27	満月 ○
3/22	新月 ●	6/26	上弦 ◐	9/29	満月 ○		
3/29	上弦 ◐	7/03	満月 ○	10/06	下弦 ◐		
4/06	満月 ○	7/10	下弦 ◐	10/15	新月 ●		

▶ **2024年**

1/04	下弦 ◐	4/09	新月 ●	7/14	上弦 ◐	10/17	満月 ○
1/11	新月 ●	4/16	上弦 ◐	7/21	満月 ○	10/24	下弦 ◐
1/18	上弦 ◐	4/24	満月 ○	7/28	下弦 ◐	11/01	新月 ●
1/26	満月 ○	5/01	下弦 ◐	8/04	新月 ●	11/09	上弦 ◐
2/03	下弦 ◐	5/08	新月 ●	8/13	上弦 ◐	11/16	満月 ○
2/10	新月 ●	5/15	上弦 ◐	8/20	満月 ○	11/23	下弦 ◐
2/17	上弦 ◐	5/23	満月 ○	8/26	下弦 ◐	12/01	新月 ●
2/24	満月 ○	5/31	下弦 ◐	9/03	新月 ●	12/09	上弦 ◐
3/04	下弦 ◐	6/06	新月 ●	9/11	上弦 ◐	12/15	満月 ○
3/10	新月 ●	6/14	上弦 ◐	9/18	満月 ○	12/23	下弦 ◐
3/17	上弦 ◐	6/22	満月 ○	9/25	下弦 ◐	12/31	新月 ●
3/25	満月 ○	6/29	下弦 ◐	10/03	新月 ●		
4/02	下弦 ◐	7/06	新月 ●	10/11	上弦 ◐		

▶ 2025年

1/07	上弦	4/13	満月	7/18	下弦	10/21	新月
1/14	満月	4/21	下弦	7/25	新月	10/30	上弦
1/22	下弦	4/28	新月	8/01	上弦	11/05	満月
1/29	新月	5/04	上弦	8/09	満月	11/12	下弦
2/05	上弦	5/13	満月	8/16	下弦	11/20	新月
2/12	満月	5/20	下弦	8/23	新月	11/28	上弦
2/21	下弦	5/27	新月	8/31	上弦	12/05	満月
2/28	新月	6/03	上弦	9/08	満月	12/12	下弦
3/07	上弦	6/11	満月	9/14	下弦	12/20	新月
3/14	満月	6/19	下弦	9/22	新月	12/28	上弦
3/22	下弦	6/25	新月	9/30	上弦		
3/29	新月	7/03	上弦	10/07	満月		
4/05	上弦	7/11	満月	10/14	下弦		

▶ 2026年

1/03	満月	4/10	下弦	7/14	新月	10/19	上弦
1/11	下弦	4/17	新月	7/21	上弦	10/26	満月
1/19	新月	4/24	上弦	7/29	満月	11/02	下弦
1/26	上弦	5/02	満月	8/06	下弦	11/09	新月
2/02	満月	5/10	下弦	8/13	新月	11/17	上弦
2/09	下弦	5/17	新月	8/20	上弦	11/24	満月
2/17	新月	5/23	上弦	8/28	満月	12/01	下弦
2/24	上弦	5/31	満月	9/04	下弦	12/09	新月
3/03	満月	6/08	下弦	9/11	新月	12/17	上弦
3/11	下弦	6/15	新月	9/19	上弦	12/24	満月
3/19	新月	6/22	上弦	9/27	満月	12/31	下弦
3/26	上弦	6/30	満月	10/03	下弦		
4/02	満月	7/08	下弦	10/11	新月		

▶ 2027年

1/08	新月 ●	4/14	上弦 ◐	7/19	満月 ○	10/23	下弦 ◑
1/16	上弦 ◐	4/21	満月 ○	7/27	下弦 ◑	10/29	新月 ●
1/22	満月 ○	4/29	下弦 ◑	8/02	新月 ●	11/06	上弦 ◐
1/29	下弦 ◑	5/06	新月 ●	8/09	上弦 ◐	11/14	満月 ○
2/07	新月 ●	5/13	上弦 ◐	8/17	満月 ○	11/21	下弦 ◑
2/14	上弦 ◐	5/20	満月 ○	8/25	下弦 ◑	11/28	新月 ●
2/21	満月 ○	5/28	下弦 ◑	9/01	新月 ●	12/06	上弦 ◐
2/28	下弦 ◑	6/05	新月 ●	9/08	上弦 ◐	12/14	満月 ○
3/08	新月 ●	6/11	上弦 ◐	9/16	満月 ○	12/20	下弦 ◑
3/16	上弦 ◐	6/19	満月 ○	9/23	下弦 ◑	12/28	新月 ●
3/22	満月 ○	6/27	下弦 ◑	9/30	新月 ●		
3/30	下弦 ◑	7/04	新月 ●	10/07	上弦 ◐		
4/07	新月 ●	7/11	上弦 ◐	10/15	満月 ○		

▶ 2028年

1/05	上弦 ◐	4/09	満月 ○	7/15	下弦 ◑	10/18	新月 ●
1/12	満月 ○	4/17	下弦 ◑	7/22	新月 ●	10/25	上弦 ◐
1/19	下弦 ◑	4/25	新月 ●	7/29	上弦 ◐	11/02	満月 ○
1/27	新月 ●	5/02	上弦 ◐	8/05	満月 ○	11/10	下弦 ◑
2/04	上弦 ◐	5/09	満月 ○	8/13	下弦 ◑	11/16	新月 ●
2/11	満月 ○	5/16	下弦 ◑	8/20	新月 ●	11/24	上弦 ◐
2/17	下弦 ◑	5/24	新月 ●	8/27	上弦 ◐	12/02	満月 ○
2/25	新月 ●	5/31	上弦 ◐	9/04	満月 ○	12/09	下弦 ◑
3/04	上弦 ◐	6/07	満月 ○	9/12	下弦 ◑	12/16	新月 ●
3/11	満月 ○	6/15	下弦 ◑	9/19	新月 ●	12/24	上弦 ◐
3/18	下弦 ◑	6/23	新月 ●	9/25	上弦 ◐		
3/26	新月 ●	6/29	上弦 ◐	10/04	満月 ○		
4/03	上弦 ◐	7/07	満月 ○	10/11	下弦 ◑		

●日本でこれから見られる月食
2023年10月29日　部分月食（日本の一部で見える、月入帯食）
2025年 3月14日　皆既月食（日本の一部で部分月食が見える、月出帯食）
2025年 9月 8日　皆既月食
2026年 3月 3日　皆既月食
2028年 7月 7日　部分月食（月入帯食）

▸ 2029年

1/01	満月 ○	4/06	下弦 ◐	7/12	新月 ●	10/14	上弦 ◑
1/07	下弦 ◐	4/14	新月 ●	7/18	上弦 ◑	10/22	満月 ○
1/15	新月 ●	4/22	上弦 ◑	7/25	満月 ○	10/30	下弦 ◐
1/23	上弦 ◑	4/28	満月 ○	8/02	下弦 ◐	11/06	新月 ●
1/30	満月 ○	5/05	下弦 ◐	8/10	新月 ●	11/13	上弦 ◑
2/06	下弦 ◐	5/13	新月 ●	8/17	上弦 ◑	11/21	満月 ○
2/13	新月 ●	5/21	上弦 ◑	8/24	満月 ○	11/29	下弦 ◐
2/22	上弦 ◑	5/28	満月 ○	9/01	下弦 ◐	12/05	新月 ●
3/01	満月 ○	6/04	下弦 ◐	9/08	新月 ●	12/13	上弦 ◑
3/07	下弦 ◐	6/12	新月 ●	9/15	上弦 ◑	12/21	満月 ○
3/15	新月 ●	6/19	上弦 ◑	9/23	満月 ○	12/28	下弦 ◐
3/23	上弦 ◑	6/26	満月 ○	10/01	下弦 ◐		
3/30	満月 ○	7/04	下弦 ◐	10/08	新月 ●		

▸ 2030年

1/04	新月 ●	4/11	上弦 ◑	7/15	満月 ○	10/19	下弦 ◐
1/11	上弦 ◑	4/18	満月 ○	7/22	下弦 ◐	10/27	新月 ●
1/20	満月 ○	4/25	下弦 ◐	7/30	新月 ●	11/02	上弦 ◑
1/27	下弦 ◐	5/02	新月 ●	8/07	上弦 ◑	11/10	満月 ○
2/03	新月 ●	5/11	上弦 ◑	8/13	満月 ○	11/18	下弦 ◐
2/10	上弦 ◑	5/17	満月 ○	8/21	下弦 ◐	11/25	新月 ●
2/18	満月 ○	5/24	下弦 ◐	8/29	新月 ●	12/02	上弦 ◑
2/25	下弦 ◐	6/01	新月 ●	9/05	上弦 ◑	12/10	満月 ○
3/04	新月 ●	6/09	上弦 ◑	9/12	満月 ○	12/18	下弦 ◐
3/12	上弦 ◑	6/16	満月 ○	9/20	下弦 ◐	12/25	新月 ●
3/20	満月 ○	6/23	下弦 ◐	9/27	新月 ●	12/31	上弦 ◑
3/26	下弦 ◐	7/01	新月 ●	10/04	上弦 ◑		
4/03	新月 ●	7/08	上弦 ◑	10/11	満月 ○		

2029年 1月 1日　皆既月食
2029年12月21日　皆既月食(月入帯食)
2030年 6月16日　部分月食(月入帯食)
2032年 4月26日　皆既月食
2032年10月19日　皆既月食
※月入帯食:月食の状態で月が沈むこと／月出帯食:月食の状態で月が昇ること

MOON DATA

月を知るための
インターネットサイト

国立天文台　暦情報　eco.mtk.nao.ac.jp/koyomi/
その日の月の出没、月齢から、日食・月食の詳しい情報までわかりやすく調べられる。また天文や暦関連の用語も図を使ってわかりやすく説明してある。まず最初に見るべきHP。

月探査情報ステーション　moonstation.jp
会津大学の寺薗淳也氏が主宰するHP。月探査の関連分野が充実しており、月探査関連の最新のニュースを調べるのに便利。

月周回衛星「かぐや」　selene.jaxa.jp
日本の月探査衛星「かぐや」の観測機器や成果を紹介。「かぐや」画像ギャラリーでは地形カメラが撮影した3次元画像やハイビジョンカメラが撮影した動画が見られる。

月と暦　koyomi8.com
個人のHPだが、新暦から旧暦への換算、二十四節気の計算、各地の月の出没時刻計算、干支の計算ができる。ほかに暦と月の雑学など、タイトルのように月と暦に関連した事項が充実している。

気象庁の潮位表　data.jma.go.jp
全国各地の潮位が、日時や期間を指定して表やグラフで表示できる。いろいろと試して潮の満ち干を理解するのに役立つ。

NASAの月関連リンク集（英語）　nssdc.gsfc.nasa.gov
基本的な月データやQ ＆ Aのほかに、NASAが持っている膨大な月資料が直接、あるいはPDFで読める。世界の月探査機のHPにもリンクしている。

月隕石（英語）　meteorites.wustl.edu/lunar/moon_meteorites.htm
ワシントン大学（セントルイス市）の研究者のHP。どうやって月隕石を見分けるか、月隕石は月のどこからやってきたかなどが解説されている。月隕石の最新リストも役に立つ。

著者プロフィール

白尾元理 （しらお・もとまろ）

写真家・サイエンスライター。1953年：東京都生まれ。
東北大学理学部卒業、東京大学理学系大学院修士課
程終了。高校時代にアポロ11号の月着陸に感動して、
大学・大学院では地質学・火山学を専攻、1986年の
伊豆大島噴火をきっかけに写真家を志す。以来世界
40ヵ国の火山、地形、地質などの写真を撮影・出版。
著書：「月の地形観測ガイド」（2018, 誠文堂新光社）、
「新版日本列島の20億年 景観50選」（2009, 岩波書
店）、「双眼鏡で星空ウォッチング」（2010, 丸善）、「地
球全史 写真が語る45億年の奇跡」（2012, 岩波書
店）、「地球全史の歩き方」（2013, 岩波書店）、「火山
全景 写真でめぐる世界の火山地形と噴出物」（2017,
誠文堂新光社）ほか多数。

イラスト	うえたに夫婦
図　版	プラスアルファ
装丁・デザイン	佐藤アキラ
編　集	中野博子

ゆかいなイラストですっきりわかる

ウサギの模様はなぜ見える？満ち欠けの仕組みは？
素朴な疑問からわかる月の話

月のきほん

NDC 440

2017年10月13日　発　行
2023年３月１日　第５刷

著　者	白尾元理
発行者	小川雄一
発行所	株式会社 誠文堂新光社
	〒113-0033 東京都文京区本郷3-3-11
	電話03-5800-5780
	https://www.seibundo-shinkosha.net/
印刷所	株式会社 大熊整美堂
製本所	和光堂 株式会社

©2017, Motomaro Shirao.　　　　　　Printed in Japan

検印省略　禁・無断転載

落丁・乱丁本はお取り替え致します。

本書のコピー、スキャン、デジタル化等の無断複製は、著作権法上での例外を除き、
禁じられています。本書を代行業者等の第三者に依頼してスキャンやデジタル化
することは、たとえ個人や家庭内での利用であっても著作権法上認められません。

JCOPY 〈（一社）出版者著作権管理機構 委託出版物〉
本書を無断で複製複写（コピー）することは、著作権法上での例外を除き、禁じら
れています。本書をコピーされる場合は、そのつど事前に、（一社）出版者著作権
管理機構（電話 03-5244-5088／FAX 03-5244-5089／e-mail:info@
jcopy.or.jp）の許諾を得てください。

ISBN978-4-416-61759-5